The Polish Mathematical Competition Test From The First to The Last

历届波兰数学竞赛试题集

第2卷

1964~1976

● [波] 耶·勃罗夫金 [波] 斯·斯特拉谢维奇 著
● 朱尧辰 译

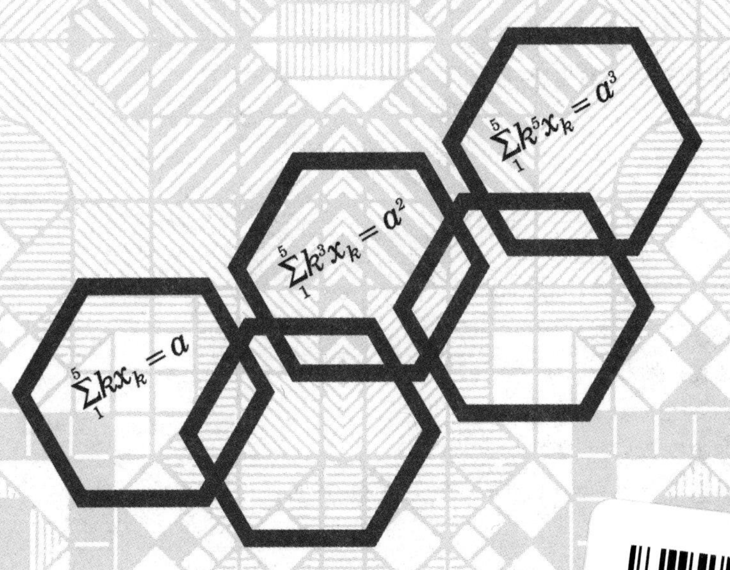

哈爾濱工業大學出版社
HARBIN INSTITUTE OF TECHNOLOGY PRESS

内容提要

本书汇集了第16～27届波兰数学竞赛题及解答，并在附录中提供了1970～1976年数学竞赛前两试试题.本书详细地对每一道题进行了解答，并且注重初等数学与高等数学的联系.

本书适用数学奥林匹克选手及教练员、中学生相关人员及数学爱好者使用.

图书在版编目(CIP)数据

历届波兰数学竞赛试题集.第2卷，1964～1976/(波)勃罗夫金，(波)斯特拉谢维奇著；朱尧辰译.—哈尔滨：哈尔滨工业大学出版社，2015.3

ISBN 978-7-5603-5236-7

Ⅰ.①历… Ⅱ.①勃… ②斯… ③朱… Ⅲ.①数学—竞赛题 Ⅳ.①01-44

中国版本图书馆CIP数据核字(2015)第035495号

策划编辑 刘培杰 张永芹
责任编辑 张永芹 张永文
封面设计 孙茵艾
出版发行 哈尔滨工业大学出版社
社　　址 哈尔滨市南岗区复华四道街10号 邮编150006
传　　真 0451-86414749
网　　址 http://hitpress.hit.edu.cn
印　　刷 哈尔滨市工大节能印刷厂
开　　本 787mm×1092mm 1/16 印张8.5 字数131千字
版　　次 2015年3月第1版 2015年3月第1次印刷
书　　号 ISBN 978-7-5603-5236-7
定　　价 18.00元

目 录 | Contents

第 16 届波兰数学竞赛题

1964～1965 年

1 求所有的素数 p，使 $4p^2+1$ 和 $6p^2+1$ 也是素数.

解 为解本题，必须研究 5 能否整除形如 $u=4p^2+1$ 及 $v=6p^2+1$（p 为素数）的数.

设 r 是 p 除以 5 所得的余数，亦即 $p=5k+r$，这里 k 是整数，而 r 是 0，1，2，3，4 之一. 于是

$$u=100k^2+40kr+4r^2+1$$
$$v=150k^2+60kr+6r^2+1$$

由这两个式子可得下列结论①

如果 $p\equiv 0(\bmod 5)$，则 $u\equiv 1(\bmod 5)$，$v\equiv 1(\bmod 5)$

如果 $p\equiv 1(\bmod 5)$，则 $u\equiv 0(\bmod 5)$，$v\equiv 2(\bmod 5)$

如果 $p\equiv 2(\bmod 5)$，则 $u\equiv 2(\bmod 5)$，$v\equiv 0(\bmod 5)$

如果 $p\equiv 3(\bmod 5)$，则 $u\equiv 2(\bmod 5)$，$v\equiv 0(\bmod 5)$

如果 $p\equiv 4(\bmod 5)$，则 $u\equiv 0(\bmod 5)$，$v\equiv 2(\bmod 5)$

因此，对任何整数 p，三个数 p,u,v 之中有一个且仅有一个被 5 整除.

如果 p 是素数，那么 $p\geqslant 2$，$u>5$，$v>5$. 这表明，当且仅当 p 被 5 整除，亦即 $p=5$ 时，u 和 v 才可能为素数. 不难证实，当 $p=5$ 时，数 u 和 v 确实是素数：$u=4\times 5^2+1=101$，$v=6\times 5^2+1=151$.

因此，本题有唯一解：$p=5$.

2 证明：如果 x_1 和 x_2 是方程 $x^2+px-1=0$ 的两个根（这里 p 是奇数），那么对任何整数 $n\geqslant 0$，数 $x_1^n+x_2^n$ 和 $x_1^{n+1}+x_2^{n+1}$ 是互素整数.

证明 用数学归纳法证明本题. 因为 p 是奇数，所以数

$$x_1^0+x_2^0=2 \text{ 与 } x_1+x_2=-p$$

是互素整数，因此，$n=0$ 时命题成立.

现设对某个整数 $n\geqslant 0$，数

① 记号 $a\equiv b(\bmod n)$ 读作"a 与 b 关于模 n 同余"，它表示整数 a 与 b 的差 $a-b$ 被自然数 n 整数. 如果 $0\leqslant b\leqslant n-1$，那么 b 就是 a 被 n 除的余数（或者，a 模 n 的余数）. 读者可参考华罗庚的《数论导引》或陈景润的《初等数论（Ⅰ）》（都是科学出版社出版的）.

$$x_1^n + x_2^n \text{ 与 } x_1^{n+1} + x_2^{n+1}$$

是互素整数,我们来证明,数 $x_1^{n+2} + x_2^{n+2}$ 是与数 $x_1^{n+1} + x_2^{n+1}$ 互素的整数,事实上

$$(x_1^{n+1} + x_2^{n+1})(x_1 + x_2) = x_1^{n+2} + x_2^{n+2} + x_1 x_2 (x_1^n + x_2^n)$$

将 $x_1 + x_2 = -p, x_1 x_2 = -1$ 代入,得

$$x_1^{n+2} + x_2^{n+2} = -p(x_1^{n+1} + x_2^{n+1}) + (x_1^n + x_2^n)$$

因此,数 $x_1^{n+2} + x_2^{n+2}$ 是两个整数之和,并且数 $x_1^{n+2} + x_2^{n+2}$ 与 $x_1^{n+1} + x_2^{n+1}$ 的每个公因子也是 $x_1^n + x_2^n$ 的因子,因而也是数 $x_1^{n+1} + x_2^{n+1}$ 与 $x_1^n + x_2^n$ 的公因子.但后两数互素,因此 $x_1^{n+2} + x_2^{n+2}$ 与 $x_1^{n+1} + x_2^{n+1}$ 互素.按数学归纳法,命题对任何自然数 n 成立.

3 证明:如果整数 a 和 b 满足关系式:$2a^2 + a = 3b^2 + b$,那么 $a - b$ 和 $2a + 2b + 1$ 是整数的平方.

证明 设整数 a,b 满足关系式

$$2a^2 + a = 3b^2 + b \tag{1}$$

如果 $a = 0$,那么 $3b^2 + b = b(3b + 1) = 0$.由此可知 $b = 0$(因为对于整数 b,因子 $3b + 1 \neq 0$).在这种情形,$a - b = 0, 2a + 2b + 1 = 1$,因而问题的结论正确.

现在研究 $a \neq 0$ 的情形.当 $a \neq 0$ 时由关系式(1)可知 $b \neq 0$,$a \neq b$.

设 d 是数 a 与 b 的最大公因子,且设

$$a = a_1 d, b = b_1 d \tag{2}$$

整数 a_1, b_1 互素,且 $a_1 \neq b_1$.因此 $b_1 = a_1 + r$,其中 r 是与 a_1 互素的非零整数.

由关系式(1)和(2)得

$$2da_1^2 + a_1 = 3db_1^2 + b_1$$

将新关系式 $b_1 = a_1 + r$ 代入,可将上式变换为

$$2da_1^2 + a_1 = 3d(a_1 + r)^2 + a_1 + r$$

由此得

$$da_1^2 + 6da_1 r + 3dr^2 + r = 0 \tag{3}$$

式(3)左边前三项能被 d 整除,所以 r 也能被 d 整除;而后三项能被 r 整除,所以 da_1^2 能被 r 整除,但因为 r 与 a_1 互素,所以 d 能被 r 整除.因此,$r = d$,或者 $r = -d$.如果 $r = d$,那么由关系式(3)知

$$a_1^2 + 6a_1 r + 3r + 1 = 0$$

但因为对任何整数 a_1,数 $a_1^2 + 1$ 不能被 3 整除,所以上式不能成立.于是

$$r = -d$$

因为 $b_1 = a_1 - d$,所以 $b = a - d^2$ 以及

$$a-b=d^2 \tag{4}$$

由关系式(1)知

$$2a^2-2b^2+a-b=b^2$$

或者

$$(a-b)(2a+2b+1)=b^2 \tag{5}$$

注意关系式(2)和(4),由关系式(5)可知

$$2a+2b+1=b_1^2 \tag{6}$$

关系式(4)和(6)包含了问题的结论.

附注 可以证明,当关系式(1)成立时,$3a+3b+1$ 也是完全平方数.事实上,$(3a+3b+1)(a-b)=3a^2+a-3b^2-b=3a^2+a-2a^2-a=a^2$.因此,如果 $a\neq b$,那么整数 $3a+3b+1$ 等于 a^2 除以 $a-b$ 的商,亦即等于 a_1^2.如果 $a=b=0$,那么 $3a+3b+1=1$.

4 证明下列命题:如果封闭的五星形折线任何三个顶点都不在一直线上,那么它可以具有一个,两个,三个或五个自交点,但不可能有四个自交点.

证明 在一个闭折线中,只属于折线的一个节段的点,以及只属于两个节段的顶点,称作正常点;如果一个点不是顶点,但属于折线的两个节段,则称为二重点.如果封闭五星形折线的任何三个顶点都不在一直线上,那么它的任一点或者是正常点,或者是二重点.我们来证明,这样的折线可以有0,1,2,3或5个二重点,但不可能有4个二重点.

设点 A_1,A_2,A_3,A_4,A_5 是正五边形的顶点(排列顺序见图1).折线 $A_1A_2A_3A_4A_5A_1$,$A_1A_2A_3A_5A_4A_1$,$A_1A_3A_5A_4A_2A_1$ 及 $A_1A_3A_5A_2A_4A_1$ 分别有0,1,2,5个二重点.

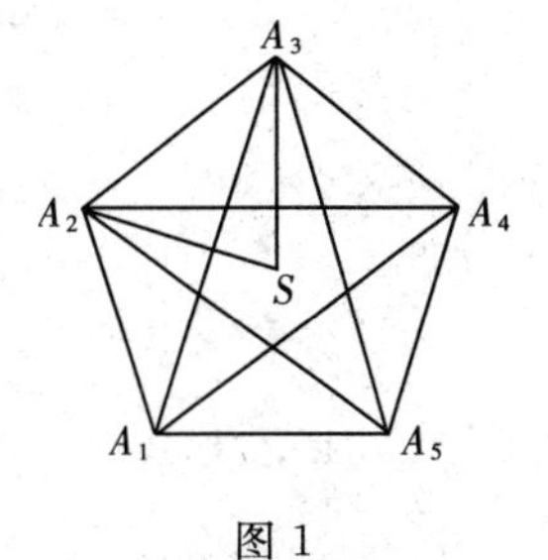

图1

设点 S 是正五边形中心.折线 $A_1A_3SA_2A_4A_1$ 有3个二重点.

因为5条直线的交点个数不可能多于 $\frac{5\times 4}{2}=10$,所以五星形折线(有五个顶点)中二重点不可能多于5个.

还需证明,这种类型的折线中有二重点个数不可能等于4.

我们假定折线 $A_1A_2A_3A_4A_5A_1$ 中二重点多于3个.我们来证明,它一定有5个二重点.因为折线有5条节段,所以它的某两个二重点属于同一节段,比如说节段 A_1A_2,我们把这两个二重点记为点 M 和点 N,并且使点 M 落在点 A_1 和点 N 之间.点 M 和点 N 是节段 A_1A_2 与有公共顶点 A_4 的两个节段 A_3A_4,A_4A_5 的交点.整个折线位于平面 $A_1A_2A_4$ 上,并且其余的二重点与顶点 A_4 位于直线 A_1A 两侧,亦即这些二重点属于节段 A_1A_5 和 A_2A_3.

不难证明,点 A_3 在直线 A_4M 上,点 A_5 在直线 A_1N 上.事实

上，如若不然，亦即如果点 A_3 在直线 A_4N 上，而点 A_5 在直线 A_4M 上(图 2)，那么点 A_1 和点 A_3 将位于直线 A_4A_5 两侧. 因此，节段 A_1A_5 不与节段 A_2A_3，A_3A_4 相交. 类似地，节段 A_2A_3 不与节段 A_4A_5，A_5A_1 相交. 这样便和点 M，N 是折线的二重点这一假设矛盾.

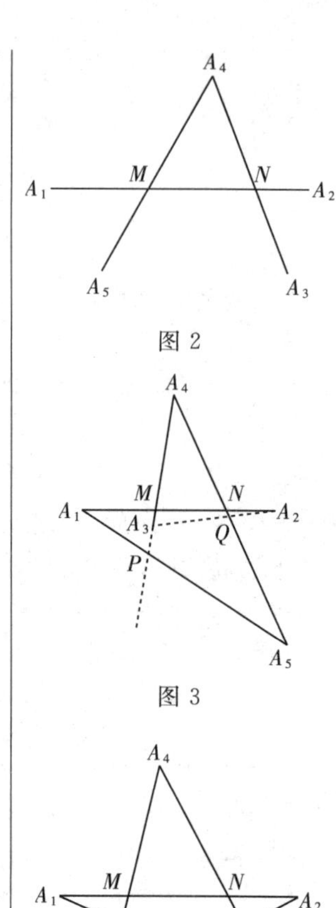

图 2

图 3

图 4

按上面所证，点 A_1 和点 A_5 位于直线 A_3A_4 两侧，点 A_2 和点 A_3 位于直线 A_4A_5 两侧. 节段 A_1A_5 与直线 A_3A_4 交于某点 P，节段 A_2A_3 与直线 A_4A_5 交于某点 Q. 我们来证明，点 P 和点 Q 是折线的二重点，亦即证明点 P 位于点 A_3 和点 M 之间，点 Q 位于点 A_5 和点 N 之间.

如果点 P 位于线段 A_4A_3 向点 A_3 方向的延长线上(图 3)，那么点 A_2，A_3，A_4 位于直线 A_1A_5 的同侧，因而折线的节段 A_1A_5 就不会与节段 A_2A_3，A_3A_4 中的任一个相交.

但这样一来在节段 A_1A_5 上就没有任何二重点，而节段 A_2A_3 上仅有一个二重点(节段 A_2A_3 与 A_4A_5 的交点). 因此，折线只有 3 个二重点，这与原来的假设矛盾. 类似地可以证明点 Q 位于点 A_5 和点 N 之间(图 4).

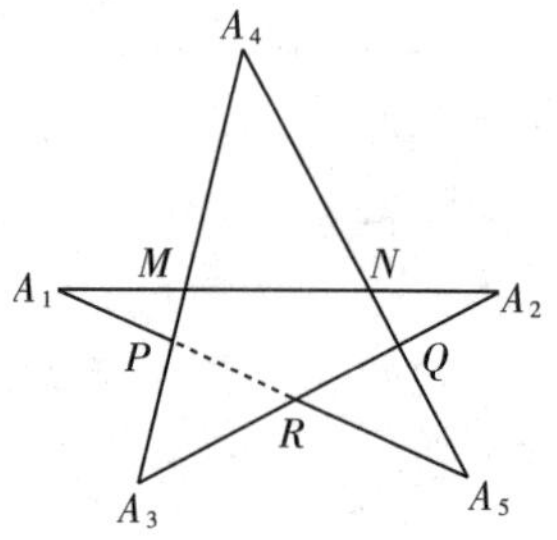

线段 A_1A_5 与 A_2A_3 一定相交于一点 R. 事实上，线段 A_1A_5 的端点在 $\triangle A_3A_4Q$ 之外，而线段 A_1A_5 与这个三角形的边 A_3A_4 相交，但不与边 A_4Q 相交. 因此，线段 A_1A_5 应当与 $\triangle A_3A_4Q$ 的边 A_3Q 相交. 于是，折线有 5 个二重点：点 M，N，P，Q，R.

附注　上面证明的命题是下列关于闭折线显著点个数的一般定理之特例. 我们只针对这种折线来叙述这个定理：在这种折线中，它的每个点都属于不多于两条节段. 只属于一条节段的点，以及折线的顶点，称为折线的正常数；属于两条不相邻接的节段的点称为折线的二重点. 对于我们所研究的这类折线，这个一般定理如下：

节段条件 $n \geqslant 4$ 的闭折线，其二重点个数：

(a) 当 n 为奇数时，等于从 0 到 $\frac{n(n-3)}{2}$ 为止的所有整数，但其中除去 $\frac{n(n-3)}{2}-1$.

(b) 当 n 为偶数时，等于从 0 到 $\frac{n(n-4)}{2}+1$ 为止的所有整数.

折线的二重点个数不可能等于其他任何数.

5 证明：任一正方形可以剖分成任意个数多于 5 个的正方形，但不能恰好剖分成 5 个正方形.

证明　(a) 首先注意，如果一个正方形被剖分为 m 个正方形，我们从 m 个正方形中任取一个，联结它的两组对边中点，它就被剖分为四个更小的正方形. 这时原正方形被剖分为 $m+3$ 个正方形.

设 n 是大于 1 的自然数. 将正方形 Q 各边 n 等分,并用与正方形边平行的直线联结两组对边的各对分点,正方形 Q 被剖分为 n^2 个小正方形 Q_i,而且它每条边上都紧贴着 n 个正方形 Q_i.

我们来考察正方形 Q 的两条邻边. 有 $2n-1$ 个正方形 Q_i 和它们紧贴(正方形 Q_i 中有一个与这两条边紧贴),其余那些正方形 Q_i 填满一个边长是正方形 Q 边长的 $\frac{n-1}{n}$ 的正方形 R. 如果擦去正方形 R 中的所有平行线,那么正方形 Q 被剖成 $2n-1$ 个正方形 Q_i 及正方形 R,亦即被剖成 $(2n-1)+1=2n$(个) 正方形.

因此,正方形可以剖成任意偶数(大于 2) 个正方形.

于是,利用我们在解题开始所注意到的事实,正方形可以剖分为 $2n+3=2(n+1)+1(n>1)$(个) 正方形,亦即正方形可以剖分成任意奇数(大于 5) 个正方形.

总之,我们证明了,正方形可以剖分成任意个(个数大于 5) 正方形.

(b) 如果一个正方形被剖分成小正方形,那么在这种图形中,只可能出现直角或平角,并且小正方形的边必定平行于原正方形的边.

我们设正方形 Q 的边长为 1,顶点为 A,B,C,D,它被剖分为 5 个正方形 Q_1,Q_2,Q_3,Q_4,Q_5. 正方形 Q 的每个顶点都是正方形 $Q_i(i=1,2,\cdots,5)$ 顶点之一,并且 Q 的两个不同的顶点不可能属于同一个正方形 Q_i(因为这两顶点间距离 $\geqslant 1$). 设点 A,B,C,D 分别是边长为 a,b,c,d 的正方形 Q_1,Q_2,Q_3,Q_4 的顶点.

如果正方形 Q_5 的所有顶点都在正方形 Q 内部,那么正方形 $Q_i(i=1,2,3,4)$ 完全布满在 Q 的各边,亦即适合等式

$$a+b=b+c=c+d=d+a=1$$

由此可得 $c=a,d=b$. 于是正方形 Q 的面积

$$S_Q=2a^2+2b^2+S_{Q_5}$$

但它的面积也可以表示成

$$S_Q=(a+b)^2$$

于是得到

$$S_{Q_5}=(a+b)^2-2a^2-2b^2=-(a-b)^2\leqslant 0$$

显然此式是不可能成立的.

如果正方形 Q_5 的某个顶点位于正方形 Q 的一条边上(比如说 AB 边上),那么 Q_5 的某条边(比如说 MN),必落在 AB 上,Q_5 的另两个顶点位于 AB 的经过点 M,N 的两条垂线上,而且与 AB 的距离小于 1,亦即这两个顶点位于正方形 Q 内部,这表明

$$b+c=1, c+d=1, d+a=1, a+b<1$$

因为由前三个等式可推出$(b+c)-(c+d)+(d+a)=1-1+1$,亦即 $a+b=1$,所以,前三个条件与最后一个条件矛盾.

总之,如果假定正方形 Q 能分成 5 个小正方形,将会导致矛盾,所以正方形不能剖分为 5 个小正方形.

6 在圆上任取 $n>2$ 个点,把每个点用线段与其余各点相联结.能否一笔画出所有这些线段,使第一条线段的终点与第二条线段的起点相重,第二条线段的终点与第三条线段的起点相重,第三条线段的终点与第四条线段的起点相重……最后的一条线段的终点与最初的一条线段的起点相重?

解 如果引进一些记号,可使下面的推理大为简化.设 Z 是圆上的点的有限集①.如果一条封闭折线,它的顶点全部属于集 Z,并且联结 Z 中任意两点所得的线段在这折线的节段中都出现且只出现一次,那么将这折线记作 $L(Z)$.

我们假定,对于某个含有 $n\geqslant 3$ 个点的集 Z,折线 $L(Z)$ 存在.那么对于集 Z 的每个点都有折线的 $n-1$ 个节段通过它.当我们一笔画出这条折线时,走向每个顶点的次数与离开这个顶点的次数相等,因此 $n-1$ 是一个偶数,而数 n 是奇数.于是,如果 n 是偶数,那么 $L(Z)$ 不存在.我们来证明,当 n 为奇数时,折线 $L(Z)$ 确定存在(因而也就完全解决了本题).

我们用数学归纳法.设 $n=2m+1$(m 是自然数).当 $m=1$ 时,集 Z 含有 3 点 A_1, A_2, A_3,折线 $A_1A_2A_3A_1$ 具备所要求的性质,因而命题正确.

现在设命题当 $m=k-1$ 时正确,亦即对于含 $2k-1$ 个点的集 Z(k 是自然数,$\geqslant 2$),$L(Z)$ 存在.我们要证明,当 $m=k$ 时命题也正确,亦即对于含 $n=2k+1$ 个点的集 Z,$L(Z)$ 存在.

我们来研究由圆上的点 $A_1, A_2, \cdots, A_{2k-1}, A_{2k}, A_{2k+1}$ 组成的集 Z.设 U 是由点 $A_1, A_2, \cdots, A_{2k-1}$ 组成的集.按归纳假设,对于集 U,折线 $L(U)$ 存在.

不难看出,存在这样的闭折线 K,它的节段由将 $A_1, A_2, \cdots, A_{2k-1}$ 中的每点分别与 A_{2k} 及 A_{2k+1} 联结所得的线段,以及线段 $A_{2k}A_{2k+1}$ 所组成,并且这些线段中的每一条都仅在 K 的节段中出现一次.例如,下面的折线 K 就是如此

$$A_1A_{2k}A_2A_{2k+1}A_3A_{2k}A_4A_{2k+1}A_5\cdots A_{2k-1}A_{2k}A_{2k+1}A_1$$

在联结集 Z 的点所得的线段中,只有不在折线 $L(U)$ 的节段

① 如果需要的话,可将此条件大为减弱,只需要求 Z 中的任何三个点不在一直线上.此时,下面一切推理都有效.

中出现的那些线段才成为折线 K 的节段.

现在我们用下列方式将折线 $L(U)$ 和 K 合并成一条折线. 取点 A_1 作为折线 $L(U)$ 的起点, 画出了整条折线 $L(U)$ 后, 又回到点 A_1, 然后从点 A_1 出发画出折线 K, 又回到点 A_1. 我们得到一条以点 A_1 为始点和终点的折线. 联结 Z 的任意两点所得的线段都只在这条折线的节段中出现一次. 因此, 我们构造出折线 $L(Z)$. 按归纳法原理, 命题完全得证.

第17届波兰数学竞赛题

1965~~1966年

❶ 证明:如果两个整系数三次方程有一个公共的无理根,那么它们还有另一个公共根.

证明 设多项式

$$P(x)=a_0x^3+a_1x^2+a_2x+a_3$$
$$Q(x)=b_0x^3+b_1x^2+b_2x+b_3 \tag{1}$$

有公共无理根 α,其中系数 $a_i,b_i(i=0,1,2,3)$ 是整数,$a_0\neq 0$,$b_0\neq 0$.

数 α 也是多项式

$$R(x)=b_0P(x)-a_0Q(x)=(a_1b_0-a_0b_1)x^2+(a_2b_0-a_0b_2)x+(a_3b_0-a_0b_3) \tag{2}$$

的根,这是因为 $R(\alpha)=b_0P(\alpha)-a_0Q(\alpha)=0$. 现在分两种情况讨论.

(a)$a_1b_0-a_0b_1\neq 0$. 于是 $R(x)$ 是 x 的整系数二次多项式,因此它的无理根 α 有 $m+n\sqrt{p}$ 的形式,这里 m,n,p 是有理数,p 不是有理数的平方,且 $n\neq 0$.

注意

$$P(m+n\sqrt{p})=a_0(m+n\sqrt{p})^3+a_1(m+n\sqrt{p})^2+a_2(m+n\sqrt{p})+a_3=M+N\sqrt{p}$$
$$P(m-n\sqrt{p})=a_0(m-n\sqrt{p})^3+a_1(m-n\sqrt{p})^2+a_2(m-n\sqrt{p})+a_3=M-N\sqrt{p}$$

这里 M 和 N 是有理数

$$M=a_0m^3+3a_0mn^2p+a_1m^2+a_1n^2p+a_2m+a_3$$
$$N=3a_0m^2n+a_0n^3p+2a_1mn+a_2n$$

因为数 $m+n\sqrt{p}$ 是多项式 $P(x)$ 的根,所以 $M+N\sqrt{p}=0$. 因而 $N=0$. 因为不然的话,将会有 $\sqrt{p}=-\frac{M}{N}$,但 $\sqrt{p}$ 是无理数,$\frac{M}{N}$ 是有理数,所以这是不可能的. 于是也有 $M=0$. 从而 $M-N\sqrt{p}=0$. 这表明 $m-n\sqrt{p}$ 也是多项式 $P(x)$ 的根.

类似地可以证明 $m-n\sqrt{p}$ 也是多项式 $Q(x)$ 的根.

总之,多项式 $P(x)$ 和 $Q(x)$ 有与根 $m+n\sqrt{p}$ 不同的公共根

$m-n\sqrt{p}$(因为 $n\neq 0,p\neq 0$).

(b)$a_1b_0-a_0b_1=0$. 此时 $R(x)$ 是 x 的整系数一次多项式,但当独立变量 x 取无理值 α 时这多项式为零,因此它必须恒等于零,亦即对一切 x

$$b_0P(x)-a_0Q(x)=0$$

因此,多项式 $P(x)$ 和 $Q(x)$ 的值成比例,多项式 $P(x)$ 的每个根也是多项式 $Q(x)$ 的根,且反过来也对. 三次多项式 $P(x)$ 除了 α 外还有两个(实的或复的)根 α' 和 α''. 它们中至少有一个异于 α,因为不然的话,将有 $\alpha=\alpha'=\alpha''$,于是从 $\alpha+\alpha'+\alpha''=\frac{a_1}{a_0}$ 推出 $\alpha=-\frac{a_1}{3a_0}$,但 α 是无理数,而 $-\frac{a_1}{3a_0}$ 是有理数,所以这不可能. 现在设,$\alpha'=\alpha$,那么 α' 就是多项式 $P(x)$ 和 $Q(x)$ 的另一个公共根. 于是本题完全得证.

2 求下列方程的整数解:$x^4+4y^4=2(z^4+4u^4)$

解 显然方程

$$x^4+4y^4=2(z^4+4u^4) \tag{1}$$

有解(0,0,0,0). 我们来证明这就是方程(1) 的唯一整数解.

为证明这个结论,我们需要下列引理:

如果 $k_1,k_2,\cdots,k_n$ 是互异的非负整数,而 $x_1,x_2,\cdots,x_n$ 是不被自然数 c 整除的整数,那么

$$c^{k_1}x_1+c^{k_2}x_2+\cdots+c^{k_n}x_n\neq 0 \tag{2}$$

这个不等式的证明很简单. 设 k_1 是数 $k_i(i=1,2,\cdots,n)$ 中的最小数. 我们有恒等式

$$c^{k_1}x_1+c^{k_2}x_2+\cdots+c^{k_n}x_n=c^{k_1}(x_1+c^{k_2-k_1}x_2+\cdots+c^{k_n-k_1}x_n)$$

因为当 $i\neq 1$ 时 $k_i-k_1>0$,所以这个式子右边括号中的各个相加项除第一项外都被 c 整除. 因此这个和不为零,又因为 $c^{k_1}\neq 0$,所以得不等式(2).

现设整数 x,y,z 是方程(1) 的解,存在非负整数 k,l,m,n 适合

$$x=2^kx_1,y=2^ly_1,z=2^mz_1,u=2^nu_1$$

其中 x_1,y_1,z_1,u_1 是奇数或零. 将这些式子代入方程(1). 方程变形为

$$2^{4k}x_1^4+2^{4l+2}y_1^4-2^{4m+1}z_1^4-2^{4n+3}u_1^4=0 \tag{3}$$

数 $4k,4l+2,4m+1,4n+3$ 被 4 除所得余数不相等,所以这 4 个数互异,因而 $x_1=y_1=z_1=u_1=0$. 事实上,如果 x_1,y_1,z_1,u_1 中任一个都不为零,那么它们都是奇数,从而等式(3) 与引理矛盾.

因此,$x=y=z=u=0$,这正是要证的结论.

3 证明:如果非负数 $x_1,x_2,\cdots,x_n$(n 是任意自然数)满足不等式 $x_1+x_2+\cdots+x_n\leqslant\frac{1}{2}$,那么 $(1-x_1)(1-x_2)\cdots(1-x_n)\geqslant\frac{1}{2}$.

证明 用数学归纳法证明.当 $n=1$ 时,因为当 $x_1\leqslant\frac{1}{2}$ 时,$1-x_1\geqslant\frac{1}{2}$,所以命题成立.现设当 n 取某个自然数 k 时命题成立,亦即如果数 $x_1,x_2,\cdots,x_k$ 非负,且 $x_1+x_2+\cdots+x_k\leqslant\frac{1}{2}$,那么 $(1-x_1)(1-x_2)\cdots(1-x_k)\geqslant\frac{1}{2}$.

我们要证明,当 $n=k+1$ 时,命题也成立,设 $x_1,x_2,\cdots,x_k,x_{k+1}$ 是非负数,适合不等式

$$x_1+x_2+\cdots+x_k+x_{k+1}\leqslant\frac{1}{2}\tag{1}$$

令 $x_k'=x_k+x_{k+1}$,那么 $x_k'\geqslant 0$,式(1)可以写成

$$x_1+x_2+\cdots+x_k'\leqslant\frac{1}{2}$$

按归纳假设,有

$$(1-x_1)(1-x_2)\cdots(1-x_k')=$$
$$(1-x_1)(1-x_2)\cdots(1-x_k-x_{k+1})\geqslant\frac{1}{2}$$

因为 $x_kx_{k+1}\geqslant 0$,所以 $1-x_k-x_{k+1}\leqslant 1-x_k-x_{k+1}+x_kx_{k+1}=(1-x_k)(1-x_{k+1})$,因而

$$(1-x_1)(1-x_2)\cdots(1-x_k)(1-x_{k+1})\geqslant$$
$$(1-x_1)(1-x_2)\cdots(1-x_k-x_{k+1})\geqslant\frac{1}{2}$$

因此命题对任何自然数 n 成立.

附注 上面证明的不等式可以推广如下:

如果数 $x_1,x_2,\cdots,x_n$ 满足不等式

$$0\leqslant x_i\leqslant 1(i=1,2,\cdots,n)$$

那么

$$(1-x_1)(1-x_2)\cdots(1-x_n)\geqslant 1-(x_1+x_2+\cdots+x_n)$$

4 证明:长方体的各个面在同一个平面上的正射影的面积之平方和与这个平面位置无关的充要条件是:这个长方体是正方体.

证明　设σ是长方体各面的平面π上的正投影的面积之平方和.

如果平面π是长方体的一个面所在的平面,那么σ等于这个面的面积平方的2倍.如果长方体不是正方体,那么它至少有两个面积不同的面.因此,当长方体各面投影在面积不同的面所在的平面上时,σ将有不同的值.

我们来证明,对于棱长为a的正方形,σ的值与平面π的位置无关,亦即对平面π的任何位置,$\sigma = 2a^4$.

因为同一个图形在互相平行的平面上的投影是全等的,所以在下面的证明中,不失一般性,可以假定平面π经过正方体的某个顶点(将这顶点记为S),而整个正方体位于平面π划分全空间而得的两个闭半空间[①] 之一中.

设n是在含有正方体的半空间中由S引出的垂直于平面π的射线.因为射线n与由顶点S发出的正方体的棱SA,SB,SC之间的夹角α,β,γ都不大于$90°$,因此射线n落在三个面角都是直角的三面角$SABC$内部.

为了计算和σ,我们要利用下述定理:多边形在平面π上的正投影之面积等于这多边形面积与多边形平面和平面π间夹角的余弦之积.

正方体的经过顶点S的三个面与平面π的夹角,分别等于正方体与相应面垂直的棱SA,SB,SC与射线n的夹角,亦即分别等于α,β,γ.因此,正方体经过顶点S的三个面的正投影面积分别等于$a^2\cos\alpha$,$a^2\cos\beta$,$a^2\cos\gamma$,于是

$$\sigma = 2a^4(\cos^2\alpha + \cos^2\beta + \cos^2\gamma) \tag{1}$$

我们在射线n上任取一个与顶点S不相同的点M.设点M_1,M_2,M_3是点M在直线SA,SB,SC上的投影.那么

$$SM_1^2 + SM_2^2 + SM_3^2 = SM^2 \tag{2}$$

事实上,如果点M_1,M_2,M_3都不与顶点S重合,那么SM是以SM_1,SM_2,SM_3为棱的长方体的对角线(图5).如果点M_1,M_2,M_3中有一个,比如说M_3与顶点S重合,那么SM是$\mathrm{Rt}\triangle SMM_1$的斜边;如果点$M_1$,$M_2$,$M_3$中有两个,比如点$M_2$和$M_3$,与顶点$S$重合,那么$SM = SM_1$.

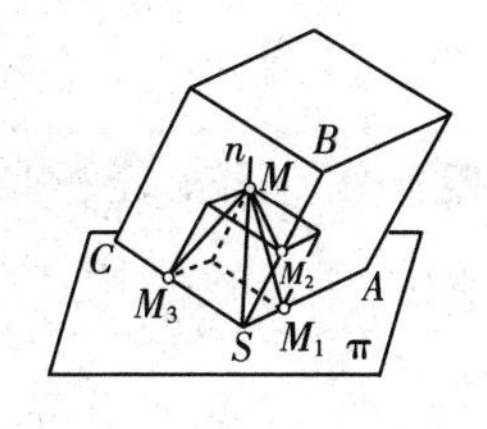

图 5

将值$SM_1 = SM\cos\alpha$,$SM_2 = SM\cos\beta$,$SM_3 = SM\cos\gamma$代入关系式(2),得到

$$SM^2(\cos^2\alpha + \cos^2\beta + \cos^2\gamma) = SM^2$$

因为$SM \neq 0$,所以

① 位于一个平面同侧的所有点组成的集称为开半空间,如果这个集还包含这平面上的所有点,则称为闭半空间.

$$\cos^2\alpha+\cos^2\beta+\cos^2\gamma=1 \tag{3}$$

比较关系式(1)和(3),得最终的答案

$$\sigma=2a^4$$

这正是所要证的.

5 已知凸六边形 $ABCDEF$ 的对角线 AD,BE,CF 都平分它的面积. 求证:对角线 AD,BE,CF 通过同一点.

证明 设$(ABC\cdots)$表示多边形 $ABC\cdots$ 的面积. 按已知条件(图 6)

$$(ABCD)=\frac{1}{2}(ABCDEF)=(BCDE) \tag{1}$$

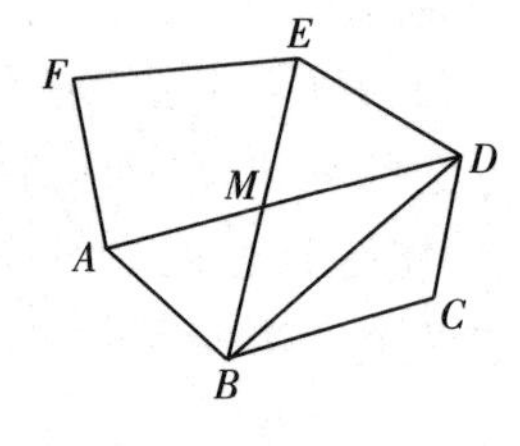

图 6

还有

$$\begin{aligned}(ABCD)&=(ABD)+(DBC)\\(BCDE)&=(EBD)+(DBC)\end{aligned} \tag{2}$$

由关系式(1)和(2)得

$$(ABD)=(EBD)$$

因为 $\triangle ABD$ 和 $\triangle EDB$ 有公共底边,而且顶点 A,E 在直线 BD 同侧,所以由上式知 $AE\parallel BD$.

类似地可以证明 $AC\parallel DF,CE\parallel BF$.

设点 M 是对角线 AD 和 BE 的交点. 因为已知六边形是凸的,所以这个交点存在. 我们来研究以点 M 为中心,将点 A 变为点 D 的位似变换. 在此变换下,直线 AE 的象是直线 DB(因为 DB 经过点 A 的象 D,而且与 AE 平行),而点 B 是直线 AE 的象与直线 EM 的公共点,因此点 B 是点 E 的象. 又因为直线 AC 的象是经过点 D 而且与 AC 平行的直线,直线 EC 的象是经过点 B 而且与 EC 平行的直线,而点 F 是这两条直线的公共点,因此点 F 是点 C 的象. 于是直线 CF 经过相似中心 M,因而对角线 AD,BE,CF 有公共点 M. 本题证毕.

6 在平面上任意取 6 个点. 求证:两两联结这些点所得的线段中,最长线段与最短线段长度之比大于或等于$\sqrt{3}$.

证明 我们引进下列记号. 设 Z 是已知点 $A_1,A_2,\cdots,A_6$ 组成的集,d 是线段 A_iA_k 中最长线段的长度,δ 是其中最短线段的长度($i,k=1,2,\cdots,6,i\neq k$).

要求证明 $d\geqslant\sqrt{3}\delta$. 这个不等式容易通过下列推理来证明.

(a) 设集 Z 中有 3 点在一直线上. 例如,设点 A_2 位于线段 A_1A_3 上,并且 $A_1A_2\leqslant A_2A_3$. 那么 $A_1A_3\geqslant 2A_1A_2$,$d\geqslant A_1A_3$,$\delta\leqslant A_1A_2$,因此 $d\geqslant 2\delta>\sqrt{3}\delta$.

(b) 设集 Z 中有三点构成一个三角形的三个顶点，而这三角形的一个内角不小于 120°. 比如说，设 $180° > \angle A_1A_2A_3 \geqslant 120°$，那么

$$\cos\angle A_1A_2A_3 \leqslant -\frac{1}{2}, A_1A_3^2 =$$

$$A_1A_2^2 + A_2A_3^2 - 2A_1A_2 \cdot A_2A_3\cos\angle A_1A_2A_3 \geqslant$$

$$A_1A_2^2 + A_2A_3^2 + A_1A_2 \cdot A_2A_3$$

但因 $A_1A_3 \leqslant d, A_1A_2 \geqslant \delta, A_2A_3 \geqslant \delta$，所以由这个不等式得到

$$d^2 \geqslant 3\delta^2 \text{ 或 } d \geqslant \sqrt{3}\delta$$

现在证明集 Z 一定具有(a) 和(b) 中两性质之一. 为此，我们假设集 Z 不具备(a) 中的性质，来证明 Z 一定具备(b) 中的性质.

设 W 是包含 Z 的凸多边形，并且 W 的每个顶点都与某个点 A_i 重合. 多边形 W 可能有 3，4，5 或 6 个顶点.

如果 W 是三角形(例如，是 $\triangle A_1A_2A_3$)，那么点 A_4 位于这个三角形内部. $\triangle A_1A_4A_2$，$\triangle A_1A_4A_3$，$\triangle A_2A_4A_3$ 的以 A_4 为顶点的三个内角之和为 360°，因此，其中至少有一个不小于 120°.

如果 W 是四边形(例如，是四边形 $A_1A_2A_3A_4$)，或者是五边形(例如，是五边形 $A_1A_2A_3A_4A_5$)，那么 W 可以被通过同一个顶点的对角线剖分成一些三角形. 点 A_6 一定位于这些三角形中的某一个内部，于是它可归结为刚才讨论的情形.

最后，如果 W 是六边形，那么它的内角之和等于 720°，因而它的最大内角一定大于 120°，由此可以确定一个在(b) 中研究过的那种三角形.

总之，集 Z 总是或者含有三个在一直线上的点，或者含有三个点，它们构成有一个内角不小于 120° 的三角形的三个顶点.

于是，对于由平面上六个任意点组成的任一点集，问题中的结论成立.

附注　在上面的解法中用到这样的性质：对于由 $n \geqslant 3$ 个不在一直线上的点所组成的平面点集，存在一个凸多边形，它包含着整个点集，且其顶点与这集的点重合. 这样的多边形称为已知集的凸包，它的存在性从直观上看是显然的. 我们在桌面上取任意多个点，在每个点上扎进一个大头针，然后将一张薄橡皮膜拉紧使它覆盖住所有的大头针头，橡皮膜将钩紧在一些大头针头上形成一个凸多边形，并且盖住了所有的针头. 自然，这个直观的考虑绝不是凸包存在性的严格证明，现在来给出这个严格证明.

我们用数学归纳法证明. 对于由 $n = 3$ 个不在一直线上的点组成的集，以这 3 点为顶点的三角形就是这个集的凸包，因而命题成立. 现在设对某个 n，凸包存在，要证明当集的点数是 $n+1$ 时凸包也存在. 设 Z 是平面上 $n+1$ 个不在一条直线上的点组成的集.

在平面上任取一点M,设A_1是Z的各点中与M距离最大的点(如果这种点不止一个,那么可以任取其一).于是Z的所有各点除A_1外都位于直线A_1M的经过点A_1的垂线的同一侧.

因为Z的点不在同一直线上,所以存在从点A_1发出的两条射线p和q,它们经过集Z的某些点,并且它们形成的凸角域包含整个集Z.设点A_2是射线p上距A_1最近的集Z的点,点A_3是射线q上具有类似性质的点.如果集Z的其他所有各点$A_4,A_5,\cdots,A_{n+1}$都位于$\triangle A_1A_2A_3$内部,那么$\triangle A_1A_2A_3$就是Z的凸包,在相反的情形下,对点$A_2,A_3,\cdots,A_{n+1}$组成的集,根据归纳假设,存在凸包P,又因为P包含在$\angle A_2A_1A_3$中,所以点A_2和点A_3是多边形P的顶点(图7).

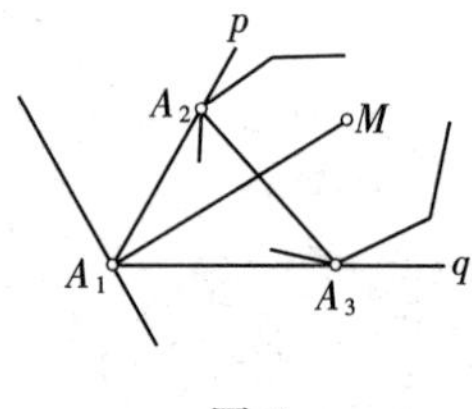

图 7

点A_2和A_3把多边形P的边界分成两部分:其中一个除其端点A_2,A_3,与点A_1分别位于直线A_2A_3两侧,将它记作L_1;另一个记作L_2,它含在$\triangle A_1A_2A_3$内.折线L_1与折线$A_2A_1A_3$一起围成一个由多边形P和$\triangle A_1A_2A_3$合并而成的多边形Q.

不难看到:(1)多边形Q包含多边形P及点A_1,因而包含整个集Z;(2)多边形Q的每个顶点分别重合于Z的一个点;(3)联结多边形Q的任意两点A,B所成的线段完全落在Q内,所以Q是凸多边形.事实上,如果点A和点B同时落在$\triangle A_1A_2A_3$内,或同时位于多边形P内,那么线段AB显然含在Q内.现在设,例如说,点A位于$\triangle A_1A_2A_3$内,点B位于这三角形外但在多边形P内,那么线段AB与线段A_2A_3交于一点C,而线段AC和BC都在多边形Q内,因而线段AB也在多边形Q内.所以Q是凸的.

因此,多边形Q是点$A_1,A_2,\cdots,A_n,A_{n+1}$所组成的集的凸包.于是,我们证明了平面有限点集的凸包的存在性.

第 18 届波兰数学竞赛题

1966～1967 年

1 有限数组 $a_1,a_2,\cdots,a_n(n\geqslant 3)$ 满足关系式

$$a_1=a_n=0$$

$$a_{k-1}+a_{k+1}\geqslant 2a_k(k=2,3,\cdots,n-1)$$

证明:数 $a_1,a_2,\cdots,a_n$ 中没有正数.

证明 在有限数组 $a_1,a_2,\cdots,a_n$ 中至少存在一个数设为 a_r,不小于数组中其他各数,亦即 $a_i\leqslant a_r(i=1,2,\cdots,n)$. 设 s 是满足等式 $a_s=a_r$ 的最小下标. 我们来证明 $s=1$. 事实上,如果 $s>1$,那么有不等式

$$a_{s-1}<a_s(\text{根据 } s \text{ 的定义})$$

$$a_{s+1}\leqslant a_s(\text{因为 } a_s=a_r)$$

成立. 将此两不等式相加,得

$$a_{s-1}+a_{s+1}<2a_s$$

但按已知条件 $a_{s-1}+a_{s+1}\geqslant 2a_s$,所以这不可能.

但是,如果 $s=1$,那么 $a_r=a_1=0$,所以对 $i=1,2,\cdots,n$,$a_i\leqslant 0$.

附注 在上面的证明中,我们引用了下列命题:在任意有限多个数 $a_1,a_2,\cdots,a_n$ 中,一定存在数 a_r 满足 $a_i\leqslant a_r(i=1,2,\cdots,n)$.

这个命题称为最大数原理,它显然可以从数学归纳法原理推出;反过来,数学归纳法原理也可由最大数原理推出.

2 大厅中聚了 100 个客人,他们中每个人都与其余 99 人中的至少 66 人相识. 证明:能够出现这种情况:这些客人中,任何 4 人里一定有两人互不相识.(我们假定,所有的熟人都是彼此相识的,亦即如果 A 认识 B,那么 B 也认识 A.)

证明 我们将大厅里的客人记作 $A_1,A_2,\cdots,A_{100}$. 设 M 是集 $\{A_1,A_2,\cdots,A_{33}\}$,$N$ 是集 $\{A_{34},A_{35},\cdots,A_{66}\}$,$P$ 是集 $\{A_{67},A_{68},\cdots,A_{100}\}$. 题中所说的情况可以出现. 例如,如果对于集 M 中的每个人,他所认识的客人只可能或者在集 N 中,或者在集 P 中(一共 67 人);类似地,集 N 中的每个人,他所认识的客人只可能或者在集 M 中,或者在集 P 中(一共 67 人);集 P 中的每个人,他所认识的客

人只可能在集 M 和 N 中出现(总共66人).于是,如果(A_i,A_j,A_k,A_l)是大厅中任意4个人,那么他们中必有两人同来自集 M,N,P 中的某一个,因而这两人互不相识.本题证毕.

附注 本题的结论容易推广.设大厅中有 n 个客人.他们中每个人至少与 $\left[\frac{2n}{3}\right]$①个客人相识.那么能够出现这种情况:大厅中任何4个来客里必有两个互不相识.这个命题的证法与本题证法类似.

3 已知平面上两个三角形,其中一个在另一个之外.证明:存在一条直线,它通过一个三角形的两个顶点,并且把这个三角形的第三个顶点与另一个三角形的全部顶点分隔开来(亦即,这个三角形的第三个顶点及另一个三角形的全部顶点分别位于这直线的两侧).

证明 设点 A_1,A_2,A_3 及点 B_1,B_2,B_3 是两个已知三角形的顶点.又设 MN 是这样的一条线段:(1)点 M 在 $\triangle A_1A_2A_3$ 的边界上;(2)点 N 在 $\triangle B_1B_2B_3$ 的边界上;(3)而且 MN 的长度不超过 $\triangle A_1A_2A_3$ 边界上任一点与 $\triangle B_1B_2B_3$ 边界上任一点间的距离.

线段 MN 可以用下列方法作出:我们考察"三点组"(A_i,B_j,B_k),其中 i,j,k 取值1,2或3,并且 $k>j$.这样的三点组共有9个.对每个三点组(A_i,B_j,B_k),在联结点 A_i 与线段 B_jB_k 的各点所得的线段中找出"最短线段".这个"最短线段"可能是 $\triangle A_iB_jB_k$ 由顶点 A_i 所作的高,也可能是线段 A_iB_j 或 A_iB_k 之一.类似地,对每个"三点组"(B_i,A_j,A_k)(它们共有9组),找出相应的"最短线段".最后,从所求得的18条"最短线段"(其中可能有的互相重合)中,找出最短的一条,那么这条线段的长度不超过其余17条线段之长.设点 M 是这条线段位于 $\triangle A_1A_2A_3$ 边界上的端点,点 N 是它位于 $\triangle B_1B_2B_3$ 边界上的端点.线段 MN 满足上面所说的条件(3),即它的长度不超过 $\triangle A_1A_2A_3$ 边界上任一点与 $\triangle B_1B_2B_3$ 边界上任一点间的距离.事实上,设点 K 和点 L 分别是这两个三角形边界上任意一点,对于线段 KL,存在一条长度不超过 KL 且与 KL 平行的线段(图8),其一端点是一已知三角形的一顶点,另一端点位于另一已知三角形的一边上,而这条线段长度不短于 MN 的长.于是,我们所作的线段 MN 具有所要的一切性质.

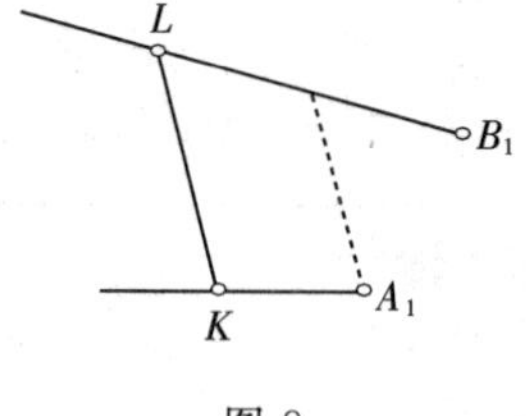

图8

图9

过点 M 和点 N 作 MN 的两条垂线 m,n(图9).$\triangle A_1A_2A_3$ 和 $\triangle B_1B_2B_3$ 的任何点都不在以直线 m,n 为边界的带形内.(因为不然的话,比如说,$\triangle A_1A_2A_3$ 的点 P 落在带形内部,那么整个线段

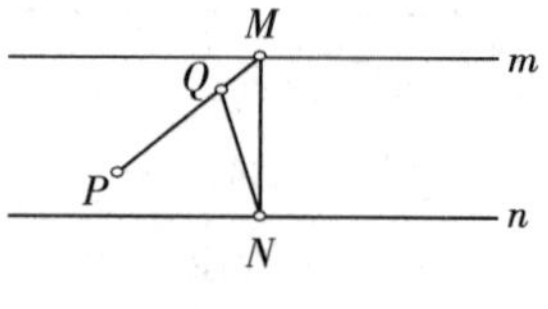

① 本书中[X]表示不超过 X 的最大整数,也称为 X 的整数部分.

PM 都属于 $\triangle A_1A_2A_3$. 但 $\angle PMN$ 是锐角，所以在点 P，M 之间可以找到一点 Q 适合 $QN < MN$，这与线段 MN 的取法矛盾.）

现分两种情形分别研究.

(a) 点 M 和点 N 分别与 $\triangle A_1A_2A_3$ 和 $\triangle B_1B_2B_3$ 的一顶点重合. 例如，设点 M 与顶点 A_1 重合，点 N 与顶点 B_1 重合(图 10). 我们把点 A_1 分直线 m 所得的(以 A_1 为端点）两条射线记为 m_1 和 m_2，类似地把点 B_1 分直线 n 所得的(以 B_1 为端点）两条射线记为 n_1 和 n_2. 我们来研究射线 A_1A_2 和 A_1A_3 分别与射线 m_1 和 m_2 形成的角(它们以 A_1 为顶点)，以及射线 B_1B_2 和 B_1B_3 分别与射线 n_1 和 n_2 形成的角(它们以 B_1 为顶点). 设射线 A_1A_2 与射线 n_1 的夹角是这些角中的最小角. 那么直线 A_1A_2 具有本题所要求的性质.

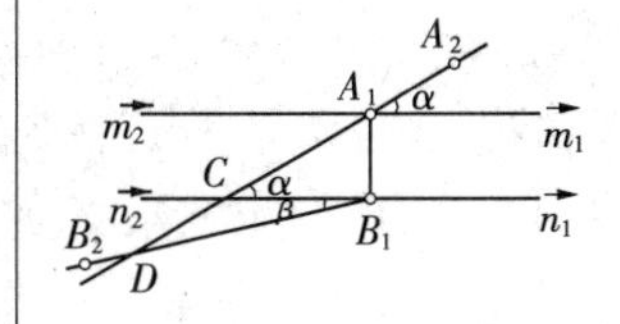

图 10

事实上，$\angle\alpha$ 或者是锐角，或者等于零. 如果 $\alpha = 0$，那么直线 A_1A_2 与直线 m 重合. 于是点 A_3 位于直线 A_1A_2 一侧，而点 B_1，B_2，B_3 位于 A_1A_2 的另一侧. 当 α 是锐角而直线 A_1A_3 与直线 n 交于点 C 时，也能得到类似的结论. 事实上，点 A_3 和点 B_1 位于直线 A_1A_2 的两侧(因为射线 A_1A_3 与直线 m 的夹角大于 α). 至于点 B_2 和点 B_3，则必与点 B_1 位于直线 A_1A_2 同一侧. 因为如果(例如）点 B_2 与点 B_1 位于直线 A_1A_2 两侧，或点 B_2 位于直线 A_1A_2 上，那么在线段 B_1B_2 上可以找到直线 A_1A_2 的某个点 D，而 $\angle B_1CA_1 = \alpha$ 是 $\triangle DB_1C$ 的外角，从而 $\angle DB_1C = \beta$ 小于 α，这与 α 是最小角的假设矛盾.

(b) 点 M 和点 N 中至少有一个不与已知三角形的顶点重合. 例如，设点 M 位于 $\triangle A_1A_2A_3$ 的边 A_1A_2 上. 那么边 A_1A_2 就位于直线 m 上，而直线 m 将顶点 A_3 与顶点 B_1，B_2，B_3 分隔开来.

于是，本题完全得证.

4 大厅中聚了 100 个客人，他们中每个人都与其余客人中至少 67 个人相识. 证明：在这些客人中一定可以找到 4 个客人，他们中任何 2 人都彼此相识.（和问题 2 一样，我们假定，如果 A 认识 B，那么 B 也认识 A.）

证明① 设 Z 是大厅中来客组成的集.

为了简化推理，我们约定，大厅中每个人都与自身相识. 这个约定并不会改变我们所要证的问题中的推断. 在此约定下，根据题意，我们可以断言，每个 $X \in Z$ 与 Z 中不多于 32 个人不相识.

设 A 是 Z 中任一成员. 如果不认识 A 的客人全部离开大厅，那么留在大厅中的客人(他们的集记为 Z_1）总数不少于 100 −

① 请参考本届数学竞赛题的问题 2.

$32=68$(人).设 B 是 Z_1 中任一成员,但不是 A.如果现在大厅中不认识 B 的客人全部离开,那么留在大厅中的客人(他们组成集 Z_2)总数不少于 $68-32=36$ 人.设 C 是集 Z_2 中任一成员,但不是 A 和 B.这时如果大厅中不认识 C 的客人全部离开,那么留在大厅中的客人(他们组成集 Z_3)总数不少于 $36-32=4$ 人.因此除 A,B,C 外,Z_3 中至少还有一人,将他记作 D.因为 B 认识 A,C 认识 A 及 B,D 认识 A,B 及 C,所以 A,B,C,D 四人互相认识.

附注 下列更一般的命题成立:

如果大厅中有 n 个客人,其中每个人至少与其他人中的 $[\frac{2n}{3}]+1$ 个客人相识,那么大厅中至少可以找到 4 个人,他们彼此相识.

其证明与上题解法类似.

5 空间中有 A,B,C,D,E 五点,适合

$$AB=BC=CD=DE=EA \tag{1}$$

$$\angle ABC=\angle BCD=\angle CDE=\angle DEA=\angle EAB \tag{2}$$

求证:点 A,B,C,D,E 在同一平面内.

证明 我们设点 A,B,C,D,E 满足条件(1)和(2).我们首先证明这些点互不重合.为此只要证明点 A 不可能与点 B 及点 C 重合,因为其他情形在适当改变点的记号后都可归结为这种情形.

(a)如果点 A 与点 B 重合,那么据等式(1),所有5个点互相重合,从而不满足条件(2)(因为式(2)中的所有角都不存在).

(b)如果点 A 与点 C 重合,那么 $\angle ABC=0°$,因而根据条件(2)知点 A,B,D,E 在一直线 p 上.等式 $\angle BAD=0°$ 及 $\angle EAB=0°$ 意味着点 B,D,E 与点 A 同位于直线 p 的一侧.于是由等式 $\angle DEA=0°$ 可断定点 D 位于点 A 和点 E 之间,但这与等式 $\angle CDE=\angle ADE=0°$ 矛盾.因此点 A 与点 C 不可能重合.

由于多边形 $ABCDE$ 各边相等,各角相等,所以它的各条对角线也相等.例如,因为 $\triangle ABC\cong\triangle BCD$,所以 $AC=BD$.设 a 是边长,b 是对角线长,$O(r)$ 是以点 O 为中心、r 为半径的球.

取五边形的三个不完全邻接的顶点,例如顶点 A,B,D,并考察其余的顶点 C 和点 E 与所选取出来的顶点的相对位置.顶点 C 同时属于球 $A(b)$,$B(a)$ 和 $D(a)$,顶点 E 同时属于球 $B(b)$,$A(a)$ 和 $D(a)$.注意,球 $A(b)$,$B(a)$ 分别与球 $B(b)$,$A(a)$ 关于线段 AB 的垂直平分面 σ 对称,球 $D(a)$ 本身也关于平面 σ 对称.点 C 关于平面 σ 的对称点 E' 同时属于球 $A(a)$,$B(b)$,$D(a)$.

因此,可能有下列两种情形发生:

(a) 点 E 与点 E' 重合，亦即点 C 和点 E 关于线段 AB 的垂直平分面对称. 于是对角线 CE 平行于直线 AB，因而点 A,B,C,E 在一个平面上.

(b) 点 E 与点 E' 不重合. 注意这两个点都同时属于球 $A(a)$，$B(b)$，$D(a)$. 于是点 E 和点 E' 关于经过上述三球中心的平面 ABD 对称. 因此，点 E 和点 C 关于平面 ABD 及 σ 的交线亦即线段 AB 的垂直平分线 DM 对称. 在这种情形，对角线 CE 与直线 DM 交于某点 N.

类似的结论对五边形 $ABCDE$ 的任何对角线也成立. 如果在考察某两条对角线时都发生情形(a)，那么存在两个由五边形的四个顶点组成"顶点组"，每个点组都分别在一个平面内. 因此，五边形的所有顶点在一平面内.

如果我们即使研究了五边形的三条对角线，始终出现情形(b)，那么这三条对角线中有两条经过同一顶点. 比如设为对角线 CE 和 CA. 于是对角线 CE 与线段 AB 的垂直平分线 DM 交于一点 N，对角线 CA 与线段 DE 的垂直平分线 BK 交于一点 L. 因此，点 D,E,C,K,M,N 在一个平面上. 类似地，点 A,B,C,K,L,M 也在一个平面上. 因此上述所有的点在一个平面上(图 11). 于是本题完全得证.

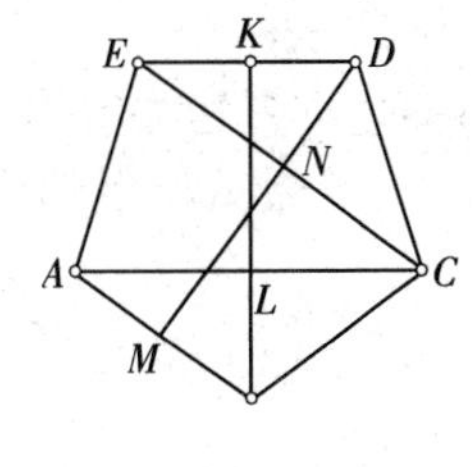

图 11

附注 如果利用等距变换(即保持任何两点之间距离不变的变换)的性质，可使上述解法简化. 我们令点 A,B,C,D 与点 B,A,E,D 分别对应. 由于五边形各边相等、各对角线相等，因此将前面四个点分别变为后面四个点的映射是等距变换. 这个变换可以扩充为整个平面上的等距变换. 我们已知，空间中将点 A,B,D 分别变为点 B,A,D 的等距变换是关于线段 AB 的垂直平分面 σ 的对称变换，或是关于线段 AB 的垂直平分线 MD 的对称变换. 因此，点 E 和点 C 关于平面 σ 或直线 MD 对称. 证明的其余部分与上面所做的一样，没有任何改变.

6 证明：如果边数是奇数的多边形内接于圆，并且它的全部内角相等，那么它是正多边形.

证明 设多边形 W 的顶点依次记作 $A_1,A_2,\cdots,A_n$(n 为奇数)，并且它各个内角相等，内接于圆 O(点 O 是圆心). 当 $n=3$ 时命题显然成立，所以下面设 $n\geqslant 5$.

引进记号 $A_0=A_n,A_{n+1}=A_1$，设点 A_{i-1},A_i,A_{i+1}($i=1,2,\cdots,n$) 是多边形 W 互相邻接的三个顶点，且设 $\angle A_{i-1}A_iA_{i+1}=\alpha$(图 12). 因为 $n\geqslant 5$，所以 $\alpha\geqslant 108°$. 因此弧 $A_{i-1}A_iA_{i+1}$ 小于半圆，因而多边形 $OA_{i-1}A_iA_{i+1}$ 是凸的.

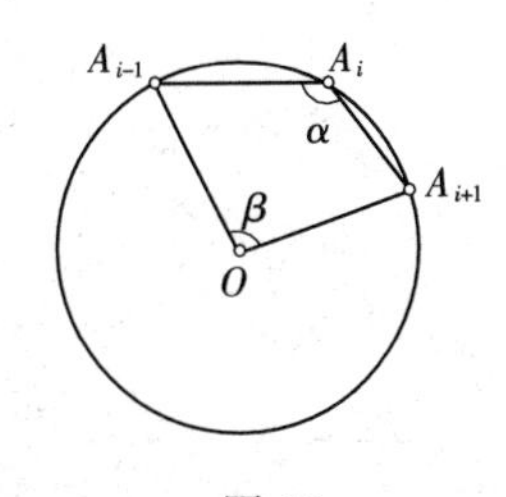

图 12

根据圆周角定理，非凸角[①] $A_{i-1}OA_{i+1}=2\alpha$，而凸角[②] $A_{i-1}OA_{i+1}=360^\circ-2\alpha=\beta$. 将多边形 W 绕点 O 按照(例如)顶点 $A_1,A_2,\cdots,A_n$ 的转向旋转角度 β. 旋转后顶点 A_{i-1} 将变成点 A_{i+1}，亦即旋转后每个顶点重合于下标比原下标大 2 的顶点，并且 A_{n-1} 重合于 A_1，A_n 重合于 A_2. 因此，顶点

$$A_1,A_2,A_3,\cdots,A_{n-2},A_{n-1},A_n \tag{1}$$

分别重合于点

$$A_3,A_4,A_5,\cdots,A_n,A_1,A_2 \tag{2}$$

依次连接式(1)中相邻两点所得的线段在旋转后分别变为依次连接式(2)中相邻两点所得的线段. 于是，对奇数 n

$$A_1A_2=A_3A_4=A_5A_6=\cdots=A_{n-2}A_{n-1}=A_nA_1$$

以及

$$A_2A_3=A_4A_5=A_6A_7=\cdots=A_{n-1}A_n=A_1A_2$$

亦即多边形各边相等，这正是所要证的.

① 大于平角而小于周角的角称非凸角或优角.

② 小于平角的角称为凸角或劣角.

第 19 届波兰数学竞赛题

1967～1968 年

1 证明:如果当 x 取三个不同的整数值时,变量 x 的整系数多项式值的绝对值都是 1,那么这多项式没有整数根.

证明 设 $f(x)$ 是变量 x 的整系数多项式,并且

$$|f(a)|=|f(b)|=|f(c)|=1 \tag{1}$$

这里 a,b,c 是三个不相等的整数.

假定多项式 $f(x)$ 有整数根 x_0.那么对任何 x

$$f(x)=(x-x_0)\varphi(x) \tag{2}$$

这里 $\varphi(x)$ 是整系数多项式.

由关系式(1),(2) 可知

$$|(a-x_0)\varphi(a)|=|a-x_0|\cdot|\varphi(a)|=1$$

因为 $|\varphi(a)|$ 是整数,所以 $|a-x_0|$ 是正整数,而且是 1 的因子,因而

$$|a-x_0|=1$$

类似地可证明 $|b-x_0|=1$, $|c-x_0|=1$.

所得到的三个等式表明三个数 $a-x_0$, $b-x_0$, $c-x_0$ 中有两个相等.因而 a,b,c 中某两个数相等.但已假设 a,b,c 是不相等的,所以这是不可能的.因此 $f(x)$ 不可能有整数根.证毕.

附注 在上面的解法中,我们说 $\varphi(x)$ 是一个整系数多项式.这个论断不难证明.

设

$$f(x)=a_0x^n+a_1x^{n-1}+\cdots+a_{n-1}x+a_n$$

$$\varphi(x)=c_0x^{n-1}+c_1x^{n-2}+\cdots+c_{n-2}x+c_{n-1}$$

在等式 $f(x)=(x-x_0)\varphi(x)$ 中,令两边 x 同次幂的系数分别相等,可得

$$a_0=c_0, a_k=c_k-x_0c_{k-1}(k=1,2,\cdots,n-1)$$

由此得

$$c_0=a_0, c_k=a_k+x_0c_{k-1}$$

因此 c_0 是整数,并且若 c_{k-1} 是整数,则 c_k 也是整数($k=1,2,\cdots,n-1$).因此,所有的数 $c_0,c_1,\cdots,c_{n-1}$ 都是整数.

2 证明:如果围绕圆桌至少坐着 5 个人,那么一定可以调整他们的座位,使得每个人两侧都挨着两个新邻居.

证明 用自然数 $1,2,\cdots,n$ 依次表示围桌而坐的人($n\geqslant 5$). 设标号(1 亦即标号为 1 的人,下同) 与标号 n 及标号 2 相邻,标号 2 与标号 1 及标号 3 相邻等,最后,标号 n 与标号 $n-1$ 及标号 1 相邻. 我们把数 $1,2,\cdots,n$ 这样的排列简称为它们组成一个循环

$$1,2,3,\cdots,n \tag{1}$$

设 n 是奇数. 我们将数 $1,2,\cdots,n$ 组成一个循环

$$1,3,\cdots,n,2,4,\cdots,n-1 \tag{2}$$

其中连续偶数列紧排在连续奇数列后面. 不难看出,每个数在循环(2) 中与在循环(1) 中有不同的"邻居". 在这两个循环中,各数的排列有下列一些差别:

(1) 每个奇数,除 1 和 n 外,在循环(1) 中都以偶数为邻,而在循环(2) 中则与奇数相邻;

(2) 每个偶数,除数 2 和 $n-1$ 外,在循环(1) 中都与奇数相邻,而在循环(2) 中,则与偶数相邻;

(3) 数 1 在循环(1) 中与数 n 和 2 相邻,而在循环(2) 中则与 $n-1$ 和 3 相邻,当 $n\geqslant 5$ 时,这两个数与 n 和 2 互异.

数 $2,n-1,n$ 在循环(1) 中分别与数 1 和 $3,n-2$ 和 $n,n-1$ 和 1 相邻,而在循环(2) 中则分别与数 n 和 $4,n-3$ 和 $1,n-2$ 和 2 相邻.

下面假设 n 是偶数. 将数 $1,2,\cdots,n$ 组成循环

$$1,3,\cdots,n-1,2,\cdots,n-2,n$$

与循环(2) 一样,其中连续偶数列紧排在连续奇数列之后. 我们在其中把数 $n-2$ 与 n 互换,得到循环

$$1,3,\cdots,n-1,2,4,\cdots,n-4,n,n-2 \tag{3}$$

循环(3) 中各数的"邻居"是:

1) 每个奇数 $3,5,\cdots,n-3$ 都与奇数相邻;

2) 每个偶数 $4,6,\cdots,n-4$ 都与偶数相邻;

3) 数 $1,2,n-1,n-2$ 分别与数 3 和 $n-2,n-1$ 和 $4,n-3$ 和 $2,n$ 和 1 相邻.

易见循环(3) 和循环(4) 中,各数分别有不同的"邻居". 于是本题得证.

3 已知自然数 $n>2$. 试构造一个由 n 个两两互异的数 a_1, $a_2,\cdots,a_n$ 组成的数组,使它的任两数之和的集 $a_i+a_j(i=1,2,\cdots,n;j=1,2,\cdots,n;i\neq j)$ 所含有不同的数的个数最少. 还要求构造一个由 n 个两两互异的数 $b_1,b_2,\cdots,b_n$ 组成的数组,使它的任两数之和的集 $b_i+b_j(i=1,2,\cdots,n;j=1,2,\cdots,n;i\neq j)$ 所含有的不同的数的个数最多.

解　设 Z 是有限数集,$l(Z)$ 是 Z 中任意两数之和所形成的集合中不同数的个数.

设 A 是由 $n>2$ 个两两互异的数 $a_i(i=1,2,\cdots,n)$ 组成的集,设

$$a_1<a_2<\cdots<a_n \tag{1}$$

因为

$$a_1+a_2<a_1+a_3<\cdots<a_1+a_n<a_2+a_n< \\ a_3+a_n<\cdots<a_{n-1}+a_n \tag{2}$$

所以和 a_i+a_j 的集至少含有 $2n-3$ 个不同的数,亦即

$$l(A)\geqslant 2n-3$$

于是,如果我们能够构造集 A 适合等式 $l(A)=2n-3$,那么问题的第一部分即被解决.为此,我们必须选取数 $a_1,a_2,\cdots,a_n$,使每个和数 a_i+a_j 等于不等式(2)中的某个数,亦即使它等于和 $a_1+a_j(j=2,3,\cdots,n)$ 之一,或等于和 $a_i+a_n(i=2,3,\cdots,n-1)$ 之一.

我们来证明,如果 A 中的数组成等差数列,那么集 A 具有上述性质.我们设

$$a_2-a_1=a_3-a_2=\cdots=a_n-a_{n-1}=d$$

按照等差数列通项公式,对于 $k=1,2,\cdots,n$

$$a_k=a_1+(k-1)d=a_n-(n-k)d \tag{3}$$

我们考察和 a_i+a_j,此处 $1\leqslant i<j\leqslant n$.当 $i+j\leqslant n$ 时,由公式(3)得到和数间的关系式

$$a_i+a_j=a_1+(i-1)d+a_1+(j-1)d= \\ a_1+a_1+(i+j-2)d=a_1+a_{i+j-1} \tag{4}$$

而当 $i+j>n$ 时,则有关系式

$$a_i+a_j=a_1+(i-1)d+a_n-(n-j)d= \\ a_n+a_1+(i+j-n-1)d=a_{i+j-n}+a_n \tag{5}$$

由关系式(4)和(5)可知,每个和数 a_i+a_j 都与(2)中的一个和数相等,所以 $l(A)=2n-3$.因此我们求得了具有所要求的性质的集.

对数集 $B=\{b_1,b_2,\cdots,b_n\}$,如果任两数 b_i,b_j 之和 b_i+b_j 都不相等,那么 $l(B)$ 达到最大值.对于这种集,$l(B)=\frac{1}{2}n(n-1)$.

例如,如果 q 是大于1的自然数,那么等比数列

$$1,q,q^2,\cdots,q^{n-1} \tag{6}$$

组成的集就具有上述性质.

事实上,如果等比数列(6)中某些项满足关系式

$$q^i+q^j=q^k+q^l(这里\ i<j,k<l) \tag{7}$$

那么

$$q^i(1+q^{j-i})=q^k(1+q^{l-k}) \tag{8}$$

因为 $1+q^{j-i}$ 和 $1+q^{l-k}$ 与数列的公比 q 互素，所以由等式(8)推知 q^i 整除 q^k，而且 q^k 整除 q^k，因此 $k=i$. 而由等式(7)得到 $l=j$. 这表明只当几何数列的项 q^i，q^j 分别与 q^k，q^l 相等时等式(7)才能成立.

因此，式(6)中数组成的集 B 确定适合等式 $l(B)=\frac{1}{2}n(n-1)$.

附注 1 可以证明，当 $n\geqslant 5$ 时，任何由 n 个不同的数组成的集 A 如果适合 $l(A)=2n-3$，那么 A 中各数必定组成等差数列. 当 $n=3$ 及 $n=4$ 时，易见这个命题不成立.

附注 2 可以构造许多集 $B=\{b_1,b_2,\cdots,b_n\}$ 适合 $l(B)=\frac{1}{2}n(n-1)$. 例如，可以取前 n 个斐波那契数 b_n 来作成 B. 这个序列适合关系式 $b_n=b_{n-1}+b_{n-2}(n>2)$，$b_1=0$，$b_2=1$.

4 在平面上取定不在一直线上的 $n\geqslant 3$ 个点. 过这些点中每两点引一条直线，得到 k 条直线. 证明：$k\geqslant n$.

证明 我们首先证明下列引理：

如果 $n\geqslant 3$，并且 $A_1,A_2,\cdots,A_n$ 是平面上不在一直线上的 n 个点，那么存在一条只经过这些点中两个点的直线.

由引理条件可知，在已知点中存在着一些由三个不在一直线上的点组成的点组. 设 A_i,A_k,A_l 是这种点组之一，而 d_{ikl} 是点 A_i 与直线 A_kA_l 的距离. 数 d_{ikl} 的集是有限的，所以其中存在最小数(其余各数大于或等于此数). 不失一般性，可以设此数是 d_{123}(因为不然的话，只需将下标做适当改变)(图 13).

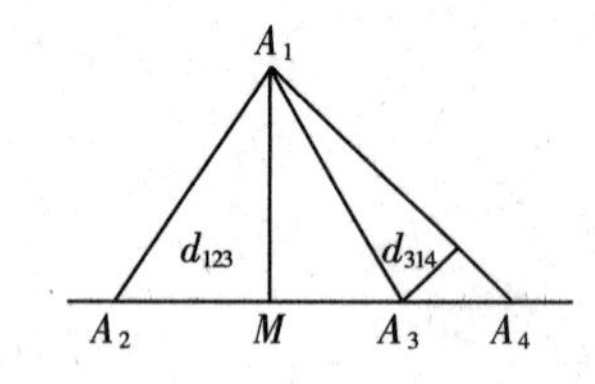

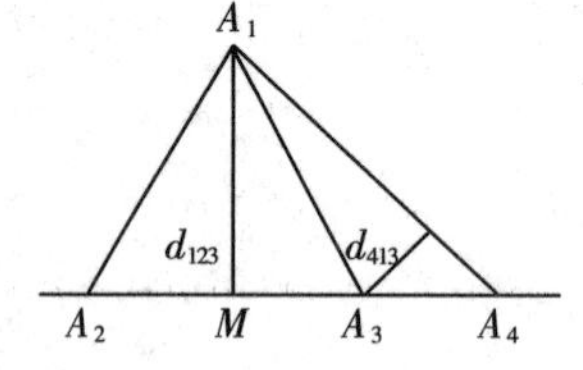

图 13

设点 M 是由点 A_1 向直线 A_2A_3 所作垂线之足. 因为 A_1M 是 $\triangle A_1A_2A_3$ 的最小高，所以 A_2A_3 是三角形的最长边，从而在直线 A_2A_3 上，点 A_2 和 A_3 位于点 M 两侧. 因此 $\triangle A_1A_2A_3$ 的内角 A_2，A_3 是锐角.

这表明，在直线 A_2A_3 上不可能有其他已知点 A_i. 事实上，如果点 A_4 在直线 A_2A_3 上(为确定起见，设它位于射线 MA_3 上)，那么就有不等式 $d_{413}<d_{123}$(若点 A_4 在线段 MA_3 上)，或 $d_{314}<d_{123}$(若点 A_4 在线段 MA_3 的延长线上). 但这两个不等式都与数

d_{123} 的定义矛盾. 于是引理得证.

现在我们不难用数学归纳法解原题.

当 $n=3$ 时, $k=3$, 因而命题成立. 现设当某个自然数 $n\geqslant 3$ 时, 命题成立. 我们证明当平面的总数为 $n+1$ 时命题也成立. 设 $Z=\{A_1, A_2, \cdots, A_n, A_{n+1}\}$ 是平面点集, 其中各点 A_i 不在一条直线上, 并设 A_1A_{n+1} 是只经过 Z 中两点的直线. 由已知条件可知, 在含 n 个点的集 $Z_1=\{A_1, A_2, \cdots, A_{n-1}, A_n\}$ 及 $Z_2=\{A_1, A_2, \cdots, A_{n-1}, A_{1+n}\}$ 中, 至少有一个其中存在一个由不在一条直线上的三点构成的点组. 比如, 设集 Z_1 具有这个性质. 按归纳假设, 通过集 Z_1 任何两点所作出的直线其条数不小于 n. 因为直线 A_1A_{n+1} 只经过 Z_1 的一个点, 所以上述那些直线不包含直线 A_1A_{n+1} 在内, 从而过集 Z 的任意两点所作直线的条数不小于 $n+1$. 于是按归纳法, 本题得证.

5 在平面上有 n 个点 $(n\geqslant 4)$, 其中任意四个点都组成一个凸四边形的顶点. 证明: 这 n 个点组成一个凸多边形的顶点.

证明 用数学归纳法证明本题. 当 $n=4$ 时命题显然成立. 现设对某个自然数 $n\geqslant 4$ 命题成立, 我们证明命题对 $n+1$ 也成立. 设 $A_1, A_2, \cdots, A_n, A_{n+1}$ 是平面上的已知点, 其中任何 4 个都组成一个凸四边形顶点. 按归纳假设, 点 $A_1, A_2, \cdots, A_n$ 是一个凸多边形 W 的顶点. 我们约定, 这些点的下标排列顺序与多边形顶点在周界上排列位置顺序是一致的(如果适当选取点的下标, 这总是能做得到的). 因为诸已知点 A_i 中任何三点不在一条直线上, 所以点 A_{n+1} 不在多边形 W 的边界上. W 的对角线将 W 分割成三角形, 按已知条件, 点 A_{n+1} 不可能在这些三角形内部, 所以点 A_{n+1} 不在 W 内部, 而是在 W 外部. 我们来研究以点 A_{n+1} 为顶点, 两边通过多边形 W 的顶点的那些凸角. 因为这些角个数有限, 所以其中一定有最大角. 例如设最大角是 $\alpha=\angle A_kA_{n+1}A_l$, W 的所有顶点, 除 A_k 和 A_l 外, 都在 $\angle\alpha$ 内部. 因为按已知条件, 点 A_i, A_k, A_l, A_{n+1} 是一个凸四边形的顶点, 所以在以 A_k, A_{n+1}, A_l 为顶点的 $\triangle T$ 中除点 A_k 和 A_l 外, 没有 W 的任何顶点. 因此, A_k 和 A_l 是多边形 W 的两个相邻顶点, 我们可知(例如) $l=k+1$. 于是点 $A_1, A_2, \cdots, A_k, A_{n+1}, A_{k+1}, \cdots, A_n$ 成为由多边形 W 和 $\triangle T$ 合并而成的多边形 W_1 的顶点.

我们来证明多边形 W_1 是凸的, 亦即端点位于 W_1 内部的任何线段完全位于这多边形内部.

设点 M 和 N 属于多边形 W_1, 有下列两种可能情况:

(a) 点 M 和点 N 都位于多边形 W 内部, 或都位于 $\triangle T$ 内部. 那么线段 MN 完全位于多边形 W 内部, 或完全位于 $\triangle T$ 内部, 因

而 MN 完全位于多边形 W_1 内部.

(b) 两点之一例如点 M 位于多边形 W 内($\triangle T$ 外). 另一点 N 位于 $\triangle T$ 内(多边形 W 外). 那么线段 MN 位于凸角 α 内部,而且它的两个端点分别位于线段 A_kA_{k+1} 划分闭域 α(即 $\angle\alpha$ 及其两条边所组成的图形)所组成的两个部分之中,因此线段 MN 应与线段 A_kA_{k+1} 交于一点 P.

线段 MP 含在多边形 W 内,线段 PN 含在 $\triangle T$ 内. 因此,这两个线段都含在多边形 W_1 内,从而线段 MN 完全位于 W_1 内. 于是命题得证.

附注 应用下列定理可以很简单地证明本题:

对于任何由 $n\geqslant 3$ 个不在一直线上的点组成的有限平面点集 Z,存在一个凸多边形 W 具有下列性质:

(1) 集 Z 包含在多边形 W 内;

(2) 多边形 W 的任何顶点都与集 Z 的一个点重合.

这种多边形 W 称为 Z 的凸包①.

设 Z 是由 $n\geqslant 4$ 个点组成的平面点集,其中任何 4 个点组成一个凸四边形的顶点,又设多边形 W 是集 Z 的凸包. 那么集 Z 的每个点都与 W 的一个顶点重合. 事实上,为证实这点,只需注意:(1) 因为已知集 Z 的任何三点不在一直线上,所以集 Z 的任一点都不落在多边形 W 的任两相邻顶点间的边界上;(2) 集 Z 的任一点都不落在多边形 W 内部,因为不然的话,它将位于由 W 的一个顶点所发出的对角线分 W 所得的那些三角形之一的内部,而这与已知条件(亦即集 Z 任四点组成一个凸四边形的顶点)矛盾.

因此,凸包 W 就是题中所要求的多边形.

6 已知平面上有一个由 $n>3$ 个点组成的点集,其中任三点不共线,又设自然数 $k<n$. 证明下列结论:

(1) 如果 $k\leqslant\frac{n}{2}$,那么该点集中的每个点都可以用线段与点集中至少 k 个其他点联结起来,使这些线段中任三条都不是同一个三角形的三条边.

(2) 如果 $k>\frac{n}{2}$,并且该点集中的每个点都用线段与点集中 k 个其他点相连,那么在所作出的这些线段中一定可以找到三条线段是同一个三角形的三条边.

证明 (1) 设 $k\leqslant\frac{n}{2}$. 在已知点集 Z 中取含 $\left[\frac{n}{2}\right]$ 个点作成子

① 关于凸包请参考第 17 届波兰数学竞赛题第 6 题问题的解法后的附注.

集 Z_1，其余点作成子集 Z_2. 那么当 n 为偶数时 Z_2 含 $\left[\frac{n}{2}\right]$ 个点，当 n 为奇数时，Z_2 含 $\left[\frac{n}{2}\right]+1$ 个点. 因 k 为整数，故由条件 $k \leqslant \frac{n}{2}$ 推得 $k \leqslant \left[\frac{n}{2}\right]$. 因此集 Z_1 和 Z_2 都至少含有 k 个点.

将 Z_1 中每点与 Z_2 中每点联结成线段. Z 中每点至少与集合中 k 个点用线段相连. 所作线段中任何三条都不可能构成一个三角形，因为不然的话，这个三角形的两个顶点亦即它某条边的两个端点将完全落在集 Z_1 或 Z_2 中，但我们并未将同一个子集中两点联结成线段，所以这不可能.

(2) 设 $k > \frac{n}{2}$，且 Z 中每个点都用线段与点集中其他 k 个点相连. 设 AB 是这些线段之一.

除线段 AB 本身外，还有 $k-1$ 条线段分别通过 AB 的端点 A 和 B，所以共有 $2k-2$ 条其他线段通过 A，B. 这些线段的端点(A，B 除外)属于集 Z 中除 A，B 外的 $n-2$ 个点组成的集. 但如果 $k > \frac{n}{2}$，则 $2k-2 > n-2$. 因此，这 $2k-2$ 条线段中有两条具有公共端点 C. 于是，在所作的线段中有三条线段 AB，AC，BC 组成的 $\triangle ABC$.

附注 类似地可以证明更一般的命题：

设平面点集 Z 含有 $n > 3$ 个点. 其中任 3 点不在一条直线上，自然数 p 适合 $3 \leqslant p < n$，自然数 $k < n$，那么：

(1) 如果 $k \leqslant \frac{p-2}{p-1}n$，那么集 Z 中每个点可以与集中至少 k 个其他点用线段相连，使在 Z 的任何含 p 个点的子集中都可找到没有用线段相连的两点.

(2) 如果 $k < \frac{p-2}{p-1}n$，而且集 Z 中每个点都用线段与集合中 k 个其他点相连，那么存在 Z 的含 p 个点的子集，其中任何两点都已用线段相连.

第 20 届波兰数学竞赛题

1968～1969 年

1 证明：如果实数 a,b,c 满足条件

$$\frac{a}{m+2}+\frac{b}{m+1}+\frac{c}{m}=0 \quad (1)$$

这里 m 是正数，那么方程

$$ax^2+bx+c=0 \quad (2)$$

有一个根介于 0 和 1 之间.

证明 只需对 $a \geqslant 0$ 证明本题，因为当 $a<0$ 时，改变方程(1) 和(2) 中各项的符号，即化为 $a>0$ 的情形.

(1) 如果 $a=0$ 时，证明特别简单.

如果 $b \neq 0$，那么方程(2) 有根

$$x_0=-\frac{c}{b}$$

又因为当 $a=0$ 时，由式(1) 可推知 $\frac{c}{b}=-\frac{m}{m+1}$，因而

$$x_0=\frac{m}{m+1}$$

于是 $0<x_0<1$.

如果 $b=0$，那么由方程(1) 知 $c=0$. 此时任何 x 都满足方程(2).

(2)$a>0$. 用 $f(x)$ 表示方程(2) 的左边. 我们首先证明，由条件(1) 可得到不等式

$$f\left(\frac{m}{m+1}\right)<0 \quad (3)$$

将 $x=\frac{m}{m+1}$ 代入 $f(x)$，可得

$$f\left(\frac{m}{m+1}\right)=a\left(\frac{m}{m+1}\right)^2+b\left(\frac{m}{m+1}\right)+c=$$

$$m\left(\frac{am}{(m+1)^2}+\frac{b}{m+1}+\frac{c}{m}\right)$$

于是由条件(1) 得

$$f\left(\frac{m}{m+1}\right)=m\left(\frac{am}{(m+1)^2}-\frac{a}{m+2}\right)=am\frac{m(m+2)-(m+1)^2}{(m+1)^2(m+2)}=$$

$$\frac{-am}{(m+1)^2(m+2)}<0$$

下面分两种情形：

(a) 如果 $c > 0$，那么

$$f(0) = c > 0 \tag{4}$$

由不等式(3)，(4) 可知，在情形(a)，方程 $f(x) = 0$ 有一根在区间 $\left[0, \frac{m}{m+1}\right]$ 中，而这区间含在 $[0,1]$ 中.

(b) 如果 $c \leqslant 0$，那么

$$f(1) = a + b + c = (m+1)\left(\frac{a}{m+1} + \frac{b}{m+1} + \frac{c}{m+1}\right)$$

利用条件(1)，得

$$\begin{aligned} f(1) &= (m+1)\left(\left(\frac{a}{m+1} + \frac{b}{m+1} + \frac{c}{m+1}\right) - \right. \\ &\left.\left(\frac{a}{m+2} + \frac{b}{m+1} + \frac{c}{m}\right)\right) = \\ &(m+1)\left(\frac{a}{m+1} - \frac{a}{m+2} + \frac{c}{m+1} - \frac{c}{m}\right) = \\ &(m+1)\left(\frac{a}{(m+1)(m+2)} - \frac{c}{m(m+1)}\right) \end{aligned}$$

按假设，$c \leqslant 0$，故得

$$f(1) > 0 \tag{5}$$

由不等式(3)，(5) 可知，在情形(b)，方程 $f(x) = 0$ 有一根在区间 $\left[\frac{m}{m+1}, 1\right]$ 中，而这区间含于区间 $[0,1]$ 中，证毕.

附注　在上面的解法中应用了下述定理：

如果变量 x 的函数 $f(x)$ 在某个闭区间上连续，并且在区间端点上的值符号相反，那么在这区间上一定有 x 适合 $f(x) = 0$.

在解本题时我们将此定理应用于二次函数，我们已知二次函数对于任何 x 连续.

但注意，在研究二次函数时我们完全可以不引用上述关于连续函数的一般定理. 对于我们所需要的关于二次函数的相应命题，有一个完全初等的证明. 我们知道，当 $a \neq 0$

$$f(x) = ax^2 + bx + c = a\left(\left(x + \frac{b}{2a}\right)^2 - \frac{b^2 - 4ac}{4a^2}\right)$$

这表明，当 $b^2 - 4ac \leqslant 0$ 时，对于任何 x，$f(x)$ 的符号与最高项系数 a 的符号相反. 因此，如果存在数 p，q 适合 $f(p) > 0$，$f(q) < 0$，那么 $b^2 - 4ac > 0$. 但当 $b^2 - 4ac > 0$ 时，方程 $f(x) = 0$ 有两个实根 x_1 和 x_2，而且 $f(x) = a(x - x_1)(x - x_2)$，因此

$$a(p - x_1)(p - x_2) > 0, a(q - x_1)(q - x_2) < 0$$

由这些不等式不难知道数 x_1，x_2 中必有一个介于 p，q 之间.

2 已知两两互异的实数 $a_1, a_2, \cdots, a_n$. 求由式子(其中 $x \in \mathbf{R}$，$\mathbf{R}$ 是全体实数组成的集) $y = |x - a_1| + |x - a_2| + \cdots + |x - a_n|$ 所定义的函数的最小值.

解 首先注意，当 $a < b$ 时

$$|x-a|+|x-b|=\begin{cases}a+b-2x & 当\ x \leqslant a \\ -a+b & 当\ a \leqslant x \leqslant b \\ 2x-a-b & 当\ x \geqslant b\end{cases}$$

因此，在区间 $a \leqslant x \leqslant b$ 的每个点上，和 $|x-a|+|x-b|$ 达到它的最小值. 这个注记立即可用来解决本题.

不失一般性，可设数 $a_1, a_2, \cdots, a_n$ 组成递增序列，亦即

$$a_1 < a_2 < \cdots < a_n$$

当 $n = 2m$（m 为整数）时，表达式

$$y = |x-a_1|+|x-a_2|+\cdots+|x-a_n| \tag{1}$$

的右边可分成 m 组，其中第一组由式(1)的右边首末两项结合而成，第二组由剩下的项中首末两项结合而成…… 于是(1)可改写为

$$y = (|x-a_1|+|x-a_n|)+(|x-a_2|+|x-a_{n-1}|)+\cdots+ (|x-a_m|+|x-a_{m-1}|) \tag{1a}$$

和 $y_i = |x-a_i|+|x-a_{n+1-i}|$ $(i = 1,2,\cdots,m)$ 在区间 $a_i \leqslant x \leqslant a_{n+1-i}$ 上是常数，这常数就是它的最小值. 因为每个区间 $a_i \leqslant x \leqslant a_{n+1-i}$ 都包含下一个区间 $a_{i+1} \leqslant x \leqslant a_{n+1-(i+1)}$，因此所有区间有一个公共部分即区间 $a_m \leqslant x \leqslant a_{m+1}$.

在区间 $a_m \leqslant x \leqslant a_{m+1}$ 的每个点上，所有的 y_i 都取得自身的最小值，因而 y 在这区间的每个点上取得最小值. 为计算这个值，可在(1a)中令 $x = a_m$ 或 $x = a_{m+1}$. 这个值等于

$$-a_1-a_2-\cdots-a_m+a_{m+1}+\cdots+a_n$$

当 $n = 2m+1$（m 为整数）时，式(1)的右边可以变形为

$$y = (|x-a_1|+|x-a_n|)+\cdots+ (|x-a_m|+|x-a_{m+2}|)+|x-a_{m+1}| \tag{1b}$$

与 n 为偶数的情形一样，不难验证当 $x = a_{m+1}$ 时，每个和 $y_i = |x-a_i|+|x-a_{n+1-i}|$ 达到自己的最小值. 又因为此时 $|x-a_{m+1}|$ 等于 0，所以(1b)右边最后一项也达到自己的最小值. 因此，当 $x = a_{m+1}$ 时 y 达到最小值，根据(1b)可知这个最小值等于

$$-a_1-a_2-\cdots-a_m+a_{m+2}+a_{m+3}+\cdots+a_n$$

3 证明：如果自然数 a, b, p, q, r, s 满足条件

$$qr - ps = 1 \tag{1}$$

$$\frac{p}{q} < \frac{a}{b} < \frac{r}{s} \tag{2}$$

那么

$$b \geqslant q + s$$

证明 按条件(2)

$$\frac{a}{b}-\frac{p}{q}=\frac{ap-bp}{bq}>0$$

$$\frac{r}{s}-\frac{a}{b}=\frac{br-as}{bs}>0$$

因此，$aq-bp>0$，$br-as>0$，但因为这两个不等式左边都是整数，所以

$$aq-bp\geqslant 1, br-as\geqslant 1$$

将第一个不等式两边乘 s，第二个不等式两边乘 q，然后将它们相加，可得

$$b(rq-ps)\geqslant q+s$$

根据条件(1)，上式左边括号中的式子等于 1，于是

$$b\geqslant q+s$$

这正是所要证的.

4 证明：如果某个图形在空间中恰好有 n 条对称轴，那么 n 是奇数.

证明 本题的证明基本下列两条引理：

(a) 如果直角坐标系的轴 OX 和 OY 是图形 F 的对称轴，那么轴 OZ 也是这图形的对称轴(图 14).

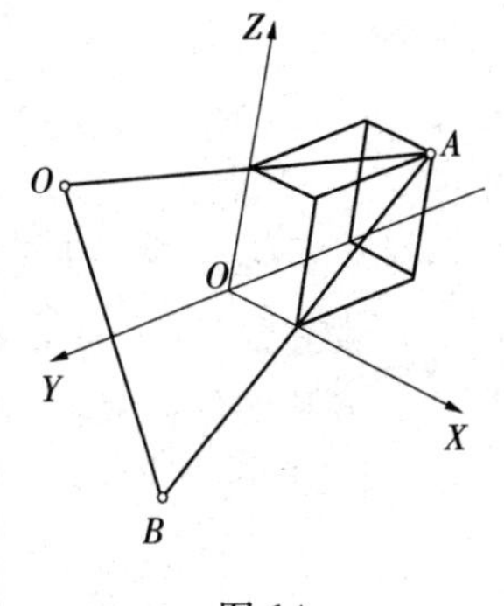

图 14

引理(a) 证明 设 $A=(x,y,z)$ 是图形 F 的任意点. 将 A 的第二、三个坐标变号，第一个坐标保持不变，即可得到点 A 关于 OX 轴的对称点 B，亦即 $B=(x,-y,-z)$. 类似地，点 B 关于 OY 轴的对称点是 $C=(-x,-y,z)$. 根据引理的假设，点 B 和点 C 属于图形 F. 但点 C 和点 A 关于 OZ 轴对称，所以 OZ 是图形 F 的对称轴.

(b) 如果直线 s 和 t 是图形 F 的对称轴，那么直线 t 关于直线 s 的对称直线也是图形 F 的对称轴.

引理(b) 证明 设点 A_1 是图形 F 的任意点，点 A_2 是点 A_1 关于直线 s 的对称点，点 A_3 是点 A_2 关于直线 t 的对称点，而点 A_4 是点 A_3 关于直线 s 的对称点. 由引理的假设可知，点 A_2，以及点 A_3，A_4 都属于图形 F. 在关于直线 s 为轴作反射(对称变换)时，点 A_2，点 A_3 及直线 t 分别变为点 A_1，A_4 及直线 u. 因为点 A_2 和 A_3 关于直线 t 对称，所以它们的象(点 A_1 和点 A_4)也关于直线 t 的象亦即直线 u 对称. 因此，直线 u 是图形 F 的对称轴.

现在应用引理(a) 和(b) 证明本题.

设两两互异的直线 $s_1,s_2,\cdots,s_n$ 是图形 F 的全部对称轴. 需要证明数 n 是奇数(因此下面可设 $n>1$). 我们用下列方式使每条对称轴 $s_i(i\geqslant 2)$ 对应于一条对称轴 $s_i(j\geqslant 2,j\neq i)$：如果轴 s_i 与轴 s_1 垂直相交于一点 O，那么我们令图形 F 的与轴 s_1 与 s_i 垂直相交于点 O 的对称轴 s_j 对应于轴 s_i. 根据引理(a)，这样的轴 s_j 是存在

的.如果轴 s_i 不垂直于轴 s_1,或者不与 s_1 相交,那么令与轴 s_i 关于 s_1 对称的轴 s_j 对应于轴 s_i.根据引理(b),这样的轴 s_j 是存在的.在这两种情况下轴 s_j 都不同于轴 s_1 和 s_i,并且轴 s_j 也对应于轴 s_i.因此,$n-1$ 条直线 $s_2,\cdots,s_n$ 可以两两分组而无剩余,而且各组都没有公共元素.因此 $n-1$ 是偶数,从而 n 是奇数.

附注 应用引理(b) 可以证明下列定理:

如果图形 F 只有有限多条对称轴(但条数不等于 0),那么它的全部对称轴有一个公共点.

证明 如果某个图形有对称轴 s_1 和 s_2,那么按引理(b),直线 $s_3,s_4,\cdots$ 也是它的对称轴,这里 $s_i(i=3,4,\cdots)$ 是 s_{i-1} 关于直线 s_{i-2} 的对称直线.

如果直线 s_1 和 s_2 是异面直线或互相平行(但不重合),那么 s_i 与 s_1 间的距离随 i 增大而增大,因此所有直线 s_i 互异.因此,此种情况下图形有无穷多条对称轴.于是,如果一个图形只有有限多条对称轴,那么它的任何两条对称轴必定相交.

这表明,如果图形 F 的对称轴不全在一个平面,那么它们有一个公共点.事实上,如果图形 F 的对称轴 s_1 和 s_2 相交于点 M 并且在平面 α 上,那么不在平面 α 上的任何对称轴,比如说轴 s_3,必定经过点 M(因为 s_3 与 s_1,s_2 相交),从而位于平面 α 上的任何对称轴也通过点 M(因为它们都与 s_3 相交).

剩下要研究图形 F 的所有对称轴 $s_1,s_2,\cdots,s_n(n>2)$ 在一个平面上的情形.假定直线 $s_i(i=1,2,\cdots,n)$ 不交于同一点.每条直线 s_i 都与其他任一条直线相交,因此诸直线 s_i 的交点的集 Z 是有限集,而且这些交点不在一条直线上(因为它们是一些三角形的顶点).按引理(b),每条直线 s_i 都是由 $s_1,s_2,\cdots,s_n$ 组成的图形(亦即图形 F 所有的对称轴组成的集)之对称轴,因此也是集 Z 的对称轴.又因为在关于直线的对称变换下,一个集的凸包的象就是这个集的象的凸包,因此每条直线 s_i 也是集 Z 的凸包 W 之对称轴.但这样一来,过多边形 W 的每个顶点至少有两条对称轴,因而 W 的任何两条邻边关于两条不同的直线对称,这是不可能的.

于是,我们的定理得证.利用这个定理,可将上题解法的最后部分做一个小小的修正.在那儿我们说过:"如果轴 s_i 不垂直于轴 s_1,或者不与 s_1 相交,……",在这段话中应当把"或者不与 s_1 相交"去掉,因为这种情况不可能发生.

5 证明:如果一个八边形的所有内角相等,且边长都是由有理数表示,那么它有对称中心.

证明 根据已知定理,多边形外角和等于 360°,因此,如果

八边形 $A_1A_2\cdots A_8$ 的各内角相等,那么它每个外角等于 45°.

我们来研究八边形的三条依次相邻的边,比如说,A_1A_2,A_2A_3,A_3A_4.因为边 A_1A_2 及 A_4A_3 的延长线与射线 A_2A_3 及 A_3A_2 分别组成 45° 角,所以这两直线垂直相交于一点 N(图 15).

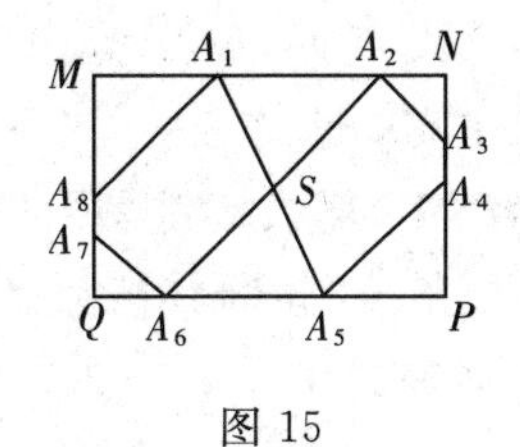

图 15

对于八边形的其他任何三条依次相邻的边,也得到类似的结论.这表明,八边形的对边 A_1A_2 和 A_5A_6 位于矩形 $MNPQ$ 的一组对边 MN 和 PQ 上,这里点 M,P,Q 是直线 A_1A_2 与 A_7A_8,A_3A_4 与 A_5A_6,A_5A_6 与 A_7A_8 的交点.

因为已知八边形的边长是有理数,所以可知 $A_1A_2 = A_5A_6$.我们来证明这点.

为简单起见,令

$$A_iA_{i+1} = a_i(i = 1,2,\cdots,7),A_8A_1 = a_8$$

我们来计算矩形边长 MN 和 PQ

$$MN = MA_1 + A_1A_2 + A_2N = a_8\cos 45^\circ + a_1 + a_2\cos 45^\circ$$

$$PQ = PA_5 + A_5A_6 = A_6Q = a_4\cos 45^\circ + a_5 + a_6\cos 45^\circ$$

因为 $MN = PQ$,所以

$$a_8\cos 45^\circ + a_1 + a_2\cos 45^\circ = a_4\cos 45^\circ + a_5 + a_6\cos 45^\circ$$

由此得

$$a_1 - a_5 = (a_4 + a_6 - a_8 - a_2)\cos 45^\circ$$

数 $a_1 - a_5$,$a_4 + a_6 - a_2 - a_8$ 是有理数,而 $\cos 45^\circ = \frac{\sqrt{2}}{2}$ 是无理数,因此当且仅当上式两边都为零时,等式才成立.于是 $a_1 = a_5$,亦即

$$A_1A_2 = A_5A_6$$

这正是所要证的.

于是,四边形 $A_1A_2A_5A_6$ 的两条边平行且相等,因而这个四边形是平行四边形,其对角线 A_1A_5 和 A_2A_6 在其交点 S 处互相平分.

类似地可以证明四边形 $A_2A_3A_6A_7$ 及 $A_3A_4A_7A_8$ 也是平行四边形,因而对角线 A_2A_6 的中点 S 与对角线 A_3A_7 及 A_4A_8 的中点重合.

因此,八边形 $A_1A_2\cdots A_8$ 有对称中心 S.证毕.

6 对于哪些 n,存在有 n 条棱的多面体?

解 当且仅当 $n \geqslant 6$ 且 $n \neq 7$ 时,存在有 n 条棱的多面体.

(a) 底是 m 边形的棱锥($m \geqslant 3$),是棱数 $n = 2m$ 的多面体的例子.

(b) 从棱数 $n = 2(m-1)$ 的棱锥出发,可以构造出棱数 $n =$

$2m+1(m\geqslant 4)$ 的多面体的例子.

设点 M,N,P 是由这个棱锥底面多边形顶点 S 发出的三条棱的中点，过这三点作一平面. 去掉平面 MNP 所切出的立体 $SMNP$，那么棱锥剩下的部分是一个多面体，显然，它比原来棱锥多3条棱，亦即其棱数是 $2m-2+3=2m+1$. 这里 m 可取任何满足不等式 $m-1\geqslant 3$ 亦即 $m\geqslant 4$ 的整数.

(c)7条棱的多面体不存在. 证明如下：如果多面体的某个面不是三角形，而是边数大于或等于4的多边形，那么这个多面体的棱数不小于8. 这是因为，对于这个非三角形面的各个顶点，除了该多边形的两条边外，至少还有多面体的一条棱通过它，并且经过这些顶点的各条棱都是不同的.

如果多面体的所有面都是三角形，并设面数等于 s，那么棱数等于 $k=\frac{3s}{2}$. 因此 k 是3的倍数，从而 $k\neq 7$.

(d) 棱数小于6的多面体不存在. 这是因为每个多面体至少有4个顶点，经过每个顶点的棱不少于3条，因而任何多面体的棱数大于或等于 $\frac{4\times 3}{2}=6$.

总之，上述结论完全得证.

第 21 届波兰数学竞赛题

1969～1970 年

1 直径 AB 把圆分成两个半圆. 在其中一个半圆上选取 n 个点 $P_1, P_2, \cdots, P_n$, 使点 P_1 落在点 A 与点 P_2 之间, 点 P_2 落在点 P_1 与 P_3 之间, ……, 点 P_n 落在点 P_{n-1} 与点 B 之间. 在另一个半圆上怎样选取点 C, 使 $\triangle CP_1P_2, \triangle CP_2P_3, \triangle CP_3P_4, \cdots, \triangle CP_{n-1}P_n$ 的面积之和最大?

解 首先证明下列引理:

引理 在圆 K 上与弦 PQ 距离最大的点位于弦 PQ 的经过圆心的垂线上.

引理证明 设 RS 是垂直于弦 PQ 的直径, 点 T 是 PQ 与 RS 的交点(图 16). 那么圆心在 RS 上, 且经过点 R, S 与线段 RS 垂直的直线与圆 K 相切. 这两条切线平行于弦 PQ, 整个圆落在这两切线之间. 因此圆 K 上任何一点到弦 PQ 的距离不超过线段 RT 及 ST 中较大者. 引理证毕.

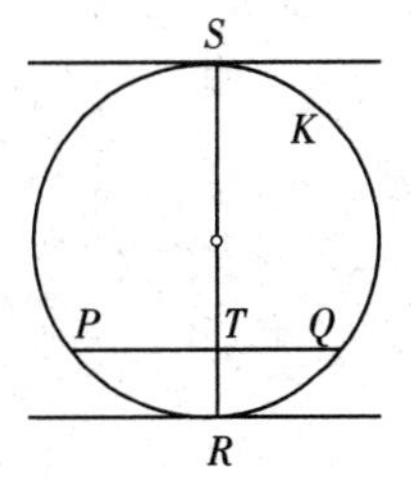

图 16

现在来解本题. $\triangle CP_1P_2, \triangle CP_2P_3, \triangle CP_3P_4, \cdots, \triangle CP_{n-1}P_n$ 的面积之和等于多边形 $P_1P_2\cdots P_n$ 及 $\triangle CP_1P_n$ 面积之和(图 17). 多边形 $P_1P_2\cdots P_n$ 的面积与点 C 的位置无关. 当点 C 与直线 P_1P_n 距离最大时, $\triangle CP_1P_n$ 面积最大. 于是, 按刚才所证明的引理, 应取弦 P_1P_n 的垂直平分线与不含有点 $P_1, P_2, \cdots, P_n$ 的半圆之交点作为点 C.

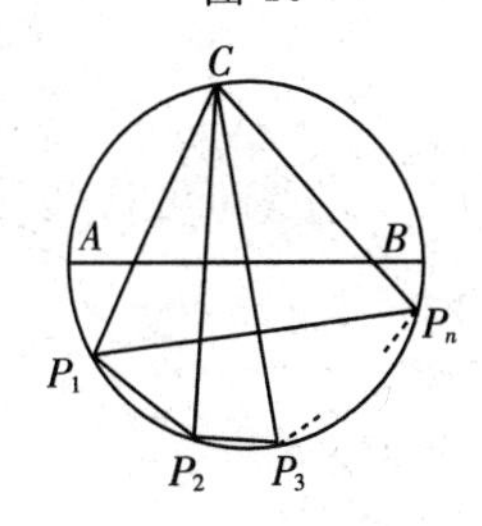

图 17

2 已知三个无穷序列

$$a_1, a_2, \cdots\cdots$$
$$b_1, b_2, \cdots\cdots$$
$$c_1, c_2, \cdots\cdots$$

它们的元素都是自然数, 并且对于 $i \neq j$ 满足

$$a_i \neq a_j, b_i \neq b_j, c_i \neq c_j$$

证明: 存以两个足标 k, l, 对于它们下列不等式成立

$$k < l, a_k < a_l, b_k < b_l, c_k < c_l$$

证明 因为序列 $a_1, a_2, \cdots$ 的各项是不相等的自然数, 而小于 a_1 的自然数只有有限多个. 所以这序列中下标足够大的项都大

于 a_1，亦即当 $n>n_1$ 时

$$a_n>a_1 \tag{1}$$

类似地可以证明，存在数 n_2 和 n_3 适合

$$b_n>b_1(\text{当 } n>n_2) \tag{2}$$

$$c_n>c_1(\text{当 } n>n_3) \tag{3}$$

因此，如果 n 是大于 n_1,n_2,n_3 中任一数的自然数，那么对它来说不等式(1)，(2)，(3) 全成立.

于是只需取 $k=1,l=n$，即可作为本题之解.

3 证明：自然数 $n>1$ 是素数的充要条件是：对于每个适合 $1\leqslant k\leqslant n-1$ 的自然数 k，二项系数 $\binom{n}{k}=\frac{n!}{k!(n-k)!}$ 能被 n 整除.

证明 从二项式系数表达式

$$\binom{n}{k}=\frac{n!}{k!(n-k)!} \tag{1}$$

可得

$$n!=\binom{n}{k}k!(n-k)! \tag{2}$$

因为 $n!=1\cdot 2\cdot\cdots\cdot(n-k)\cdot(n-k+1)\cdot\cdots\cdot(n-1)\cdot n=(n-k)!(n-k+1)\cdot\cdots\cdot(n-1)\cdot n$，于是，若用 $(n-k)!$ 除式(2) 两边，即可将式(2) 变形为

$$n(n-1)\cdots(n-k+1)=\binom{n}{k}k! \tag{3}$$

如果 n 是素数且 $1\leqslant k\leqslant n-1$，那么数 $1,2,\cdots,k$ 都不能被 n 整除，但等式(3) 的左边能被 n 整除，所以 n 整除 $\binom{n}{k}$.

反过来，如果 n 整除 $\binom{n}{k}$，那么 $\binom{n}{k}=ns$，其中 s 是一个自然数，于是由关系式(3) 得

$$(n-1)(n-2)\cdots[n-(k-1)]=s\cdot k! \tag{4}$$

如果 n 是合数，而 p 是它的一个素因子，那么 p 不整除数 $1,2,\cdots,p-1$，因而也不整除 $n-1,n-2,\cdots,n-(p-1)$. 于是，如果在等式(4) 中 $k=p$，那么 p 不整除等式左边，但右边等于 $s\cdot p!$，却能被 p 整除. 这个矛盾证明了，如果 p 是 n 的素因子且 $p<n$，那么 n 不能整除二项式系数 $\binom{n}{p}$.

4 在平面上取 n 个矩形，它们的各边都与已知互相垂直的两条直线平行. 证明：如果这些矩形中任何两个都至少有一个公共点，那么存在一个点属于所有的矩形.

证明 设两条互相垂直的已知直线是直角坐标系的两条轴，而第 i 个矩形 $P_i(i=1,2,\cdots,n)$ 的顶点是 (x_i,y_i)，(x_i,y'_i)，(x'_i,y'_i)，(x'_i,y_i)，其中 $x_i<x'_i$，$y_i<y'_i$（图 18）. 于是，当且仅当

$$x_i\leqslant x\leqslant x'_i,y_i\leqslant y\leqslant y'_i$$

时，点 (x,y) 属于矩形 P_i.

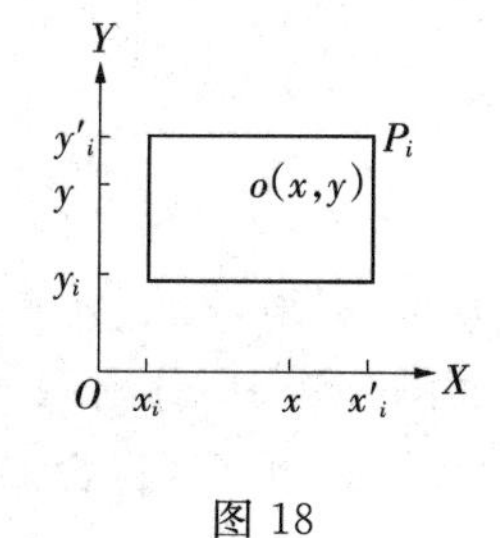

图 18

按已知条件，任何两个矩形 P_i 和 P_j 都有公共点. 因此，对任何一对数 i,j，存在 x,y 适合

$$x_i\leqslant x\leqslant x'_i,x_j\leqslant x\leqslant x'_i$$

$$y_i\leqslant y\leqslant y'_i,y_j\leqslant y\leqslant y'_i$$

由此可知，当 $i,j=1,2,\cdots,n$ 时

$$x_i\leqslant x'_i,y_i\leqslant y'_j \tag{1}$$

设 a 是 x_i 中的最大者，b 是 y_i 中的最大者. 由数 a,b 的定义可知它们适合不等式

$$x_i\leqslant a,y_i\leqslant b(i=1,2,\cdots,n) \tag{2}$$

又由不等式(1) 可知 a,b 还适合不等式

$$a\leqslant x'_j,b\leqslant y'_j(j=1,2,\cdots,n) \tag{3}$$

不等式(2)，(3) 表明，点 (a,b) 属于所有矩形 P_i.

附注 1 在解本题时，我们实质上并未用到矩形 P_i 个数的有限性. 如果我们已知无穷多个具有与本题类似性质的矩形，那么题中的结论仍然成立，而且证法也与上面的解法类似. 唯一的不同点在于数 a 和 b 应定义为数集 x_i 及 y_i 的上确界.

附注 2 如果把矩形换成任意凸形，那么类似的命题成立. 我们有下列的定理：

赫利定理① 如果平面上一个非空凸集族，其中任何三个凸集都有一个公共点，那么族中所有的凸集有一个公共点.

这个定理的证明可以在 И. М. Яглом 和 В. Г. Болтянский 的《Выпуклые фигуры》(凸形)(М. — Л.，Гостехтеоретиздат，1951，第 30 页) 中找到.

5 把含有 12 个元素的集合分成 6 个子集合，每个集合都含有 2 个元素，有多少种分法？

解法 1 第一个含 2 个元素的子集有 $\binom{12}{2}$ 种方法选取. 第二

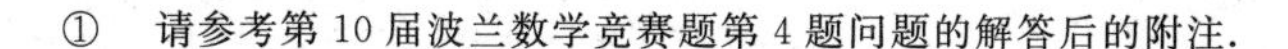

① 请参考第 10 届波兰数学竞赛题第 4 题问题的解答后的附注.

个子集与第一个子集互异，我们可从原集剩余的 10 个元素中选取，因此有 $\binom{10}{2}$ 种方法. 类似地，第三个子集有 $\binom{8}{2}$ 种选法等. 因此，将原集分为 6 个各含 2 个元素的子集，共有

$$\binom{12}{2}\binom{10}{2}\binom{8}{2}\binom{6}{2}\binom{4}{2}\binom{2}{2}=$$

$$\frac{12\times 11}{2}\times\frac{10\times 9}{2}\times\frac{8\times 7}{2}\times\frac{6\times 5}{2}\times\frac{4\times 3}{2}\times\frac{2\times 1}{2}=\frac{12!}{2^6}$$

种方法. 但是，在划分原集时，6 个子集的顺序不起作用，因此，在上述的分法中，分划后得到的每个不同的"6 个子集组"，都重复出现了 6!次，因此，将含 12 个元素的集分为各含 2 个元素的子集，不同的分法数等于

$$\frac{12!}{6!2^6}=\frac{12\times 11\times 10\times 9\times 8\times 7}{2^6}=11\times 9\times 7\times 5\times 3$$

解法 2 设 a_1 是原来含 12 个元素集合中的 1 个元素. 将 a_1 与其余 11 个元素中的任一个结合，就可得到 1 个含有 a_1 的、由 2 个元素组成的子集，这种子集共有 11 种选法.

设 a_2 是确定了上述含 a_1 的子集后所剩余 10 个元素中的 1 个. 将 a_2 与其余 9 个元素中的任 1 个结合，就可得到一个含 a_2 的、由 2 个元素组成的子集，这种子集共有 9 种选法.

继续这样分下去，我们得知将原集分成 6 个各含 2 个元素的子集，共有 $11\times 9\times 7\times 5\times 3$ 种方法.

6 求最小的实数 A，使对每个满足条件

$$|f(x)|\leqslant 1(0\leqslant x\leqslant 1)$$

的二次三项式 $f(x)$，适合不等式 $f'(0)\leqslant A$.

解 设二次三项式 $f(x)=ax^2+bx+c$，当 $0\leqslant x\leqslant 1$ 时满足不等式

$$|f(x)|\leqslant 1 \tag{1}$$

那么，特别地，它应当满足不等式

$$|f(0)|\leqslant 1,\left|f\left(\frac{1}{2}\right)\right|\leqslant 1,|f(1)|\leqslant 1$$

因为 $f(0)=c,f\left(\frac{1}{2}\right)=\frac{a}{4}+\frac{b}{2}+c,f(1)=a+b+c$，以及

$$f'(0)=b=4\left(\frac{a}{4}+\frac{b}{2}+c\right)-(a+b+c)-3c$$

所以

$$|f'(0)|\leqslant 4\left|\frac{a}{4}+\frac{b}{2}+c\right|+|a+b+c|+3|c|=$$

$$4\left|f\left(\frac{1}{2}\right)\right|+|f(1)|+3|f(0)|\leqslant$$
$$4+1+3=8$$

因此 $A\leqslant 8$.

另一方面,二次三项式 $f(x)=-8x^2+8x-1=-2(2x-1)^2+1$ 满足不等式(1).事实上,当 $0\leqslant x\leqslant 1$ 时,有 $-1\leqslant 2x-1\leqslant 1$,因此 $0\leqslant (2x-1)^2\leqslant 1$. 于是 $-2\leqslant -2(2x-1)^2\leqslant 0$,从而 $-1\leqslant f(x)\leqslant 1$.又因为 $f'(x)=-16x+8$,所以 $f'(0)=8$.因此 $A\geqslant 8$.

由于 $A\geqslant 8$,又 $A\leqslant 8$,所以 $A=8$.

第 22 届波兰数学竞赛题

1970～1971 年

1 证明：如果$\{a_n\}$是两两互异的自然数组成的无穷序列，并且这些自然数的十进制表达式中不含数字 0，那么

$$\sum_{n=1}^{\infty}\frac{1}{a_n}<29$$

证明 显然，我们只需对由全体在十进制表达式中不含数字 0 的那些自然数组成的序列$\{a_n\}$进行证明即可.

设b_n是将a_n的首位数字以外的各位数字换为 0 所得到的数. 那么$b_n\leqslant a_n$，因此$\frac{1}{a_n}\leqslant\frac{1}{b_n}$. 因为$a_n$的各位数字只能是 1，2，3，…，9，所以序列$\{a_n\}$中共有 9 个一位数，$9^2$个二位数，……，$9^k$个$k$位数.

在数列$\{a_n\}$的9^k个k位数中，有9^{k-1}个数首位数字是 1，有9^{k-1}个数首位数字是 2，等. 因此，在数列$\{b_n\}$中，每个非零的k位数$c00\cdots0$（这里c是 1，2，…，9 中任一个数）出现9^{k-1}次.

设B_k是b_n为k位数的那些下标n的集. 那么

$$\sum_{n\in B_k}\frac{1}{a_n}\leqslant\sum_{n\in B_k}\frac{1}{b_n}=9^{k-1}\sum_{c=1}^{9}\frac{1}{c00\cdots0}=$$

$$9^{k-1}\sum_{c=1}^{9}\frac{1}{c\cdot10^{k-1}}=(0.9)^{k-1}\sum_{c=1}^{9}\frac{1}{c}$$

最后一式中的和是

$$S_9=\sum_{c=1}^{9}\frac{1}{c}=1+\frac{1}{2}+\frac{1}{3}+\cdots+\frac{1}{9}=2.828\,9\cdots<2.9$$

因此

$$\sum_{k=1}^{r}\sum_{n\in B_k}\frac{1}{a_n}<\sum_{k=1}^{r}S_9\cdot(0.9)^{k-1}=S_9\frac{1-(0.9)^r}{1-0.9}<$$

$$S_9\frac{1}{1-0.9}=10S_9$$

因为上式对任何自然数r都成立，所以令$r\to\infty$取极限得

$$\sum_{k=1}^{\infty}\sum_{n\in B_k}\frac{1}{a_n}\leqslant10S_9<29$$

或即

$$\sum_{n=1}^{\infty}\frac{1}{a_n}<29$$

2 台球桌的形状是三角形的，这三角形的内角之比是有理数. 用抬球杆撞击位于台球桌内某点的台球，台球按“反射角等于入射角”的规律由台帮反射出来. 证明：台球只可能沿有限多个方向运动(假设台球不落到台球桌外).

证明 设 $\triangle ABC$ 表示台球桌，并且台球先由 AC 边反射出来，然后由 AB 边反射. 我们来证明下列引理.

引理 当台球先由 $\triangle ABC$ 的 AC 边，然后由 AB 边反射出来，则台球运动方向偏转的角度等于 $2\angle BAC$(图 19).

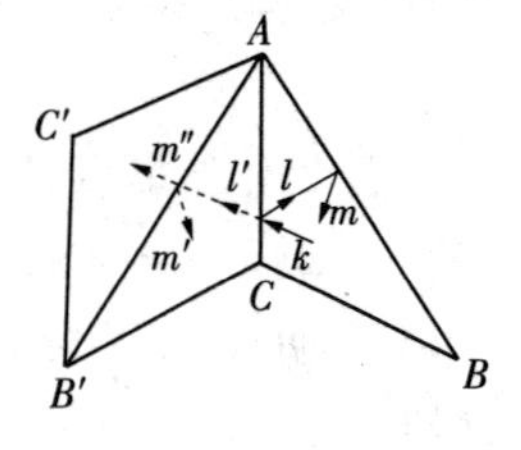

图 19

引理证明 设 $\triangle AB'C$ 与 $\triangle ABC$ 关于直线 AC 对称，$\triangle AB'C'$ 与 $\triangle AB'C$ 关于直线 AB' 对称. 设向量 $\boldsymbol{k},\boldsymbol{l},\boldsymbol{m}$ 表示台球运动方向，$\boldsymbol{l}',\boldsymbol{m}'$ 与向量 $\boldsymbol{l},\boldsymbol{m}$ 关于直线 AC 对称，$\boldsymbol{m}''$ 与向量 $\boldsymbol{m}'$ 关于直线 AB' 对称(图 92).

根据弹性反射律(入射角等于反射角)可知向量 $\boldsymbol{k},\boldsymbol{l}',\boldsymbol{m}''$ 平行. 但因为关于直线 AC 及关于直线 AB' 两次的反射(对称)之积(亦即逐次进行这两次反射)可以归结为绕点 A 旋转角度 $2\angle BAC$，所以在这旋转变换下，$\triangle ABC$ 变为 $\triangle AB'C'$，向量 $\boldsymbol{m}$ 变为向量 $\boldsymbol{m}''$. 因此，向量 $\boldsymbol{k}$ 与 $\boldsymbol{m}$ 间夹角等于 $2\angle BAC$. 引理证毕.

现在来解本题. 因为已知 $\triangle ABC$ 的内角之比是有理数，所以存在数 λ 及自然数 r,s,t 适合 $\angle BAC=r\lambda,\angle ABC=s\lambda,\angle ACB=t\lambda$. 于是 $\lambda(r+s+t)=\pi$，或 $\lambda=\frac{\pi}{n}$，这里 $n=r+s+t$.

按上面所证明的引理，台球经过偶数次反射后，其运动方向偏转的角度等于 $\frac{\pi}{n}$ 的偶数倍，亦即等于下列各数之一：$2\lambda,4\lambda,\cdots,2n\lambda=2\pi$. 因此，台球经由台帮偶数次反射后的运动方向有 n 种可能情形. 类似地，台球经由台帮奇数次反射后的运动方向也有 n 种可能. 总体来说，台球可能的运动方向不超过 $2n$ 种.

附注 如果在问题的条件中把三角形换以内角之比是有理数的任意凸多边形，那么用类似的方法可以证明，台球在这种多边形的球桌内的运动方向只有有限种可能情形.

3 为了开保险柜，组织了 11 个成员的委员会，保险柜上加了若干把锁，这些锁的钥匙分配给各个委员保管使用. 最少应给保险柜加多少把锁，才能使任何 6 个委员同时到场就能打开保险柜，而任何 5 个委员则不能把柜打开?并且指出，对于锁的把数最少的情形，应当怎样向各委员分配钥匙以符合上述要求.

解 我们设 n 是这样的自然数，当保险柜加 n 把锁时，可按题中的所有要求把钥匙分配给 11 个委员. 设 A_i 是第 i 个委员可以打开的锁的集，A 是所有的锁的集. 按问题条件，对于集 $\{1,2,\cdots,11\}$ 的任何含 5 个元素的子集 $\{i_1,i_2,\cdots,i_5\}$

$$A_{i_1} \cup A_{i_2} \cup \cdots \cup A_{i_5} \neq A \tag{1}$$

而对于 $\{1,2,\cdots,11\}$ 的任何含 6 个元素的子集 $\{j_1,j_2,\cdots,j_6\}$

$$A_{j_1} \cup A_{j_2} \cup \cdots \cup A_{j_6} = A \tag{2}$$

关系式(1) 表明集 $A-(A_{i_1} \cup \cdots \cup A_{i_5})$ 非空. 设 $x_{i_1,i_2,\cdots,i_5}$ 是这个集的一个元素. 这个元素表示标号为 $i_1,\cdots,i_5$ 的那组委员打不开的一把锁. 关系式(2) 表明，对任何 $j \notin \{i_1,\cdots,i_5\}$，$x_{i_1,\cdots,i_5} \in A_j$.

我们设对于集 $\{1,2,\cdots,11\}$ 的两个含 5 个元素的子集 $\{i_1,\cdots,i_5\}$ 及 $\{k_1,k_2,\cdots,k_5\}$ 有等式 $x_{i_1,\cdots,i_5} = x_{k_1,\cdots,k_5}$ 成立. 如果这两个子集不相等，那么对于某个 $t \in \{1,2,\cdots,5\}$ 有 $i_t \notin \{k_1,k_2,\cdots,k_5\}$. 但这样一来，$x_{k_1,\cdots,k_5} \in A_{i_t}$，而另一方面，$x_{i_1,\cdots,i_5} \notin A_{i_t}$. 这个矛盾表明，$\{i_1,i_2,\cdots,i_5\} = \{k_1,k_2,\cdots,k_5\}$.

于是，我们证明了，不同的含 5 个元素的子集对应着不同的锁. 因此，锁的个数不小于一个含 11 个元素的集的 5 个元素子集的总个数，亦即 $n \geqslant \binom{11}{5} = 462$.

我们现在证明，如果保险柜加了 $\binom{11}{5}$ 把锁，那么我们一定可以按照题中的要求向委员们分配钥匙.

我们可以在这 $\binom{11}{5}$ 把锁与 11 个元素集 $\{1,2,\cdots,11\}$ 的 5 个元素子集之间建立一一对应. 如果某把锁对应于子集 $\{i_1,\cdots,i_5\}$，那么就把它的钥匙交给所有标号异于 $i_1,\cdots,i_5$ 的那些委员掌管.

我们来证明，对于任何 5 个委员，总有一把锁他们打不开，因而任何 5 个委员打不开保险柜. 事实上，如果这 5 个委员的标号是 $i_1,\cdots,i_5$，那么他们打不开与子集 $\{i_1,\cdots,i_5\}$ 对应的锁.

我们再来证明，任何 6 个委员同时到场，就可以打开全部锁，因而打开保险柜. 事实上，如果这 6 名委员的标号是 $j_1,\cdots,j_6$，并且他们要来打开与子集 $\{i_1,\cdots,i_5\}$ 对应的锁，那么 $j_1,\cdots,j_6$ 中至少有 1 个数不属于这个子集，比如说，$j_t \notin \{i_1,\cdots,i_5\}$. 于是，标号为 j_t 的委员掌管着与子集 $\{i_1,\cdots,i_5\}$ 对应的那把锁的钥匙.

总之，适合题意的锁的把数之最小值等于 $\binom{11}{5} = 462$.

4 证明:如果自然数 x,y,z 满足方程

$$x^n+y^n=z^n$$

那么 $\min(x,y)\geqslant n$.

证明 设自然数 x,y,z,n 适合方程

$$x^n+y^n=z^n \quad (1)$$

不失一般性,可以假定 $x\leqslant y$. 因为 $z^n=x^n+y^n>y^n$,所以 $z>y$,因而 $z\geqslant y+1$.

将这不等式两边 n 次方,按牛顿二项式定理得

$$z^n\geqslant(y+1)^n=y^n+\binom{n}{1}y^{n-1}+\cdots+1\geqslant y^n+ny^{n-1} \quad (2)$$

比较不等式(2)与不等式(1),可得不等式 $x^n\geqslant ny^{n-1}$,但因为 $x\leqslant y$,所以 $x^n\geqslant nx^{n-1}$,或者 $x\geqslant n$. 于是 $\min(x,y)=x\geqslant n$.

5 求最大的整数 A,使对于由1到100的全部自然数的任一排列,其中都有10个(位置)连续的数,其和大于或等于 A.

解 设 $\sigma=(a_1,a_2,\cdots,a_{100})$ 是从1到100的自然数的一个排列,令

$$A_\sigma=\max_{1\leqslant n\leqslant 90}\sum_{k=1}^{10}a_{n+k} \quad (1)$$

于是,排列 σ 中有某10个连续项之和等于 A_σ,而其余任何连续10项之和都不大于 A_σ. 因此,本题归结为求数

$$A=\min_\sigma A_\sigma \quad (2)$$

特别地,由数 A_σ 的定义(1)知

$$A_\sigma\geqslant a_1+a_2+\cdots+a_{10}$$
$$A_\sigma\geqslant a_{11}+a_{12}+\cdots+a_{20}$$
$$\vdots$$
$$A_\sigma\geqslant a_{91}+a_{92}+\cdots+a_{100}$$

将这些不等式两边分别相加,得

$$10A_\sigma\geqslant a_1+a_2+\cdots+a_{100}=1+2+\cdots+100=5\,050$$

因此,对于任何排列 σ,有不等式 $A_\sigma\geqslant 505$ 成立. 由此(见 A 的定义式(2))

$$A\geqslant 505 \quad (3)$$

现在考察由1到100的自然数的下列一种排列 $\tau=(a_1,a_2,\cdots,a_{100})$

$$100,1,99,2,98,3,97,4,\cdots,51,50$$

这个排列可以用下列关系式给出

$$a_{2n+1}=100-n(0\leqslant n\leqslant 49)$$

$$a_{2n}=n(1\leqslant n\leqslant 50)$$

我们来证明，它的任何连续10项之和不大于505.

事实上，如果这连续10项中的首项标号是偶数$2k$，那么

$$\begin{aligned}s=&a_{2k}+a_{2k+1}+\cdots+a_{2k+9}=\\&(a_{2k}+a_{2k+2}+\cdots+a_{2k+8})+(a_{2k+1}+a_{2k+3}+\cdots+a_{2k+9})=\\&(k+(k+1)+\cdots+(k+4))+((100-k)+\\&(100-(k+1))+\cdots+(100-(k+4)))=500\end{aligned}$$

如果这些项的首项标号是奇数$2k+1$，那么

$$\begin{aligned}\bar{s}=&a_{2k+1}+a_{2k+2}+\cdots+a_{2k+10}=\\&(a_{2k}+a_{2k+1}+\cdots+a_{2k+9})+a_{2k+10}-a_{2k}=\\&s+(k+5)-k=s+5=505\end{aligned}$$

于是，我们证明了排列τ的任何连续10项之和不大于505，并且可以等于505. 因此$A_\tau=505$，从而由关系式(2)得

$$A\leqslant 505 \tag{4}$$

比较不等式(3)和(4)，得

$$A=505$$

附注1 本题可以推广如下：求最大的整数A，使对于由1到偶数$n=2t$的全部自然数的任一种排列，其中都有连续的$m=2r$(r是t的因子)项，其和不小于A.

只需对上题的解法略加修改(用$2t$代替100，$2r$代替10)，即可证明$A=\frac{1}{2}m(n+1)$.

附注2 如果$m\leqslant n$是任意自然数，那么，一般说来，在由1到n的自然数的任一种排列中，不一定存在连续m项，其和不小于$\frac{1}{2}m(n+1)$. 例如，当$n=6,m=4$时，在排列6,4,1,2,3,5中，它任何连续4项之和都小于14.

6 已知一个棱长为1的正四面体. 求证：

(1) 在四面体表面S上存在这样的4个点，对于S上任一点，在这四点中总有一点与它的距离不超过$\frac{1}{2}$.

(2) 在S上不存在3个点，具有类似上述的性质.

这里，表面S上两点间的距离是指沿着表面S联结该两点的折线之长的下确界.

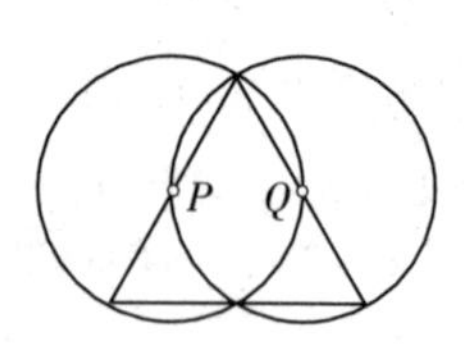

图20

证明 (1) 我们首先注意下列的事实. 在边长为1的正三角形中，设点P,Q是它两腰中点，那么三角形中任一点与这两点的距离都不超过$\frac{1}{2}$(图20). 事实上，如果以点P,Q为圆心，$\frac{1}{2}$为半

径作两圆，那么整个正三角形完全包含在这两圆中.

现在设点 P,Q,R,T 是正四面体 $ABCD$ 的棱 AD,BD,AC,BC 的中点(图21). 那么四面体 $ABCD$ 的每个面(都是正三角形)，都以四点 P,Q,R,T 中某两点为其两腰中点. 于是由刚才所注意到的事实可知，四面体任一面上的点必与点 P,Q,R,T 中某两个的距离不大于$\frac{1}{2}$.

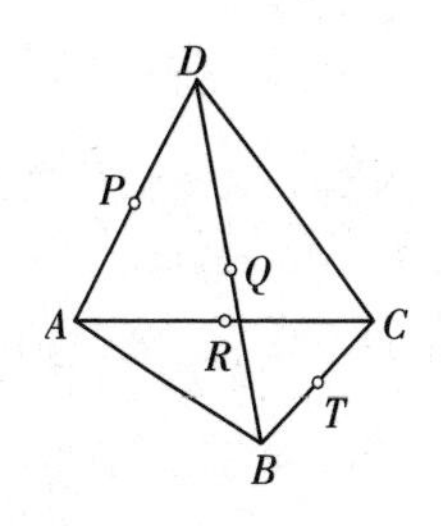

图 21

(2) 现在假定四面体 $ABCD$ 的表面上有三点 P,Q,R，使对四面体表面上任一点，这三点中总有一点与它的距离不大于$\frac{1}{2}$. 因为四面体有4个顶点，因此至少有两个顶点与 P,Q,R 中的同一点之距离不大于$\frac{1}{2}$. 例如，设顶点 A,D 与点 P 的距离不大于$\frac{1}{2}$. 因为顶点 A 与点 D 间距离等于1，所以点 P 与棱 AD 的中点重合.

注意，$\triangle BCD$ 的高 DE 上任一点(但点 D 除外)与点 P 距离大于$\frac{1}{2}$. 为证明这点，我们来研究四面体 $ABCD$ 的表面展开图(图22). 画了阴影的区域表示与点 P 距离不超过$\frac{1}{2}$ 的那些点的集. 高 DE 与画了阴影的区域只有一个公共点，即顶点 D.

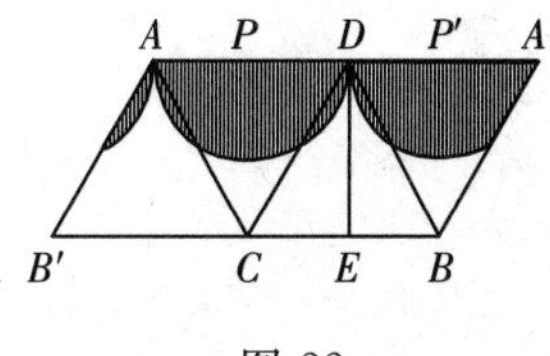

图 22

如果点 D 与点 Q 及 R 的距离都大于$\frac{1}{2}$，那么在点 D 某个邻域中的任何点也具有同样的性质. 特别地，在线段 DE 上与点 D 足够近的点与 P,Q,R 三点的距离都大于$\frac{1}{2}$，但这与我们的假定相矛盾，所以不可能. 因此，D 与 Q,R 两点之一的距离不大于$\frac{1}{2}$. 类似可以证明，点 A 与点 Q,R 中的一点之距离不大于$\frac{1}{2}$.

因为顶点 B 和点 C 与点 P 的距离大于$\frac{1}{2}$，所以这两个顶点分别与点 Q,R 之一的距离不大于$\frac{1}{2}$.

于是，我们证明了，四面体 $ABCD$ 的每个顶点分别与点 Q,R 之一的距离不大于$\frac{1}{2}$. 但因为边长为1的正三角形的外接圆半径大于$\frac{1}{2}$，所以此时四面体不可能有三个顶点与 Q,R 中同一点的距离都不大于$\frac{1}{2}$.

因此，四面体 $ABCD$ 的某两个顶点与点 Q,R 两者的距离都不大于$\frac{1}{2}$,于是,点 Q 和点 R 与四面体的某两棱的中点重合.

这样,我们从原来的假定推知点 P,Q,R 分别与四面体 $ABCD$ 的一条棱的中点重合.上面已经知道,点 P 也是四面体某条棱的中点,因此,四面体的所有四个顶点 A,B,C,D 都与点 Q,R 之一的距离不大于$\frac{1}{2}$.我们可以从点 P,Q,R 中任一点出发来进行上面的推理,于是得知,对于点 P,Q,R 中任何一对点而言,四个顶点 A,B,C,D 都与这两点之一的距离不大于$\frac{1}{2}$.但是在点 P,Q,R 中,一定有一对点属于四面体的同一个面,因而四面体不在这个面上的那个顶点与这对点的距离都大于$\frac{1}{2}$.

我们得到的矛盾表明原来的假定不正确.因此,在四面体的表面 S 上,不可能存在三点,使 S 上任一点与这三点距离都不超过$\frac{1}{2}$.

第 23 届波兰数学竞赛题

1971～1972 年

1 已知对于某个自然数 $n \geqslant 2$,多项式 $u_i(x)=a_ix+b_i$(a_i,b_i 是实数;$i=1,2,3$) 满足关系式

$$u_1(x)^n+u_2(x)^n=u_3(x)^n \tag{1}$$

证明:这些多项式可以表示为

$$u_i(x)=c_i(Ax+B)$$

这里 $i=1,2,3$,并且 A,B,c_1,c_2,c_3 是某些实数.

证明 如果 $a_1=a_2=0$,那么多项式 u_1 和 u_2 退化为常数.由关系式

$$u_1(x)^n+u_2(x)^n=u_3(x)^n \tag{1}$$

可知多项式 $u_3(x)$ 也退化为常数,亦即 $a_3=0$. 在这种情形下只需令 $c_i=b_i(i=1,2,3)$,$A=0$ 及 $B=1$.

如果数 a_1,a_2 中至少有一个异于0,比如设 $a_1 \neq 0$,我们令 $y=a_1x+b_1$,那么对于 $j=2,3$

$$u_j(x)=\frac{a_j}{a_1}y+\frac{b_ja_1-a_jb_1}{a_1}$$

或者

$$u_i(x)=A_jy+B_j$$

其中 $A_j=\dfrac{a_j}{a_1}$,$B_j=\dfrac{b_ja_1-a_jb_1}{a_1}$,于是等式(1) 可变形为

$$y^n+(A_2y+B_2)^n=(A_3y+B_3)^n \tag{2}$$

这里 $y \in \mathbf{R}$. 比较式(2) 两边的常数项及 y,y^n 的系数(已知 $n \geqslant 2$),得

$$B_2^n=B_3^n \tag{3}$$

$$nA_2B_2^{n-1}=nA_3B_3^{n-1} \tag{4}$$

$$1+A_2^n=A_3^n \tag{5}$$

如果 $B_2=0$,那么由式(3) 得 $B_3=0$,于是对于 $j=2,3$,$b_ja_1-a_jb_1=0$,或即 $b_j=\dfrac{a_j}{a_1}b_1$. 在这种情形,只需取 $c_1=1$,$c_j=\dfrac{a_j}{a_1}(j=2,3)$,$A=a_1$,$B=b_1$.

如果 $B_2 \neq 0$,那么由关系式(3) 可知 $B_3 \neq 0$. 将等式(4),(3)

两边分别相除，得 $\frac{A_2}{B_2}=\frac{A_3}{B_3}$，将此式两边 n 次方，并利用关系式(3)，可得 $A_2^n=A_3^n$，这与关系式(5)矛盾. 因此 $B_2\neq 0$ 的情形是不可能出现的.

2 已知平面上有 $n(>2)$ 个点，其中任意三点都不在一直线上. 证明：在经过这些点的所有封闭折线中，长度最短的一定是简单封闭折线.

证明 我们首先回忆简单封闭折线的定义.

如果一条封闭折线，其顶点依次是 $W_1,W_2,\cdots,W_{n+1}$（这里 $W_{n+1}=W_1$），对于 $1\leqslant i,j\leqslant n,1<j-i<n-1$，折线的节段 W_iW_{i+1} 与 W_iW_{i+1} 没有公共点，那么称它为简单封闭折线.

设平面上 n 个点 $A_1,A_2,\cdots,A_n$ 中任三点不在一条直线上，令 $A_{n+1}=A_1$. 设以点 $A_1,A_2,\cdots,A_n,A_{n+1}$ 为顶点的封闭折线 L（这里顶点下标的顺序与它们在折线上排列的顺序一致）是经过这 n 个已知点的最短折线，但不是简单折线. 如果 $i\neq j,1\leqslant i,j\leqslant n$，则用 $L(A_i,A_j)$ 表示折线 L 的以点 A_i 为起点，含有顶点 A_{i+1}，$A_{i+2},\cdots,A_{i-1},A_i$ 的那个部分.

因为联结两点的最短折线是联结这两点的线段，所以当 $=1,2,\cdots,n$

$$L(A_i,A_{i+1})=A_iA_{i+1}$$

因为 L 不是简单折线，所以存在数 i,j 适合

$$1\leqslant i,j\leqslant n,1<j-i<n-1 \tag{1}$$

而且节段 A_iA_{i+1} 与 A_jA_{j+1} 有公共点 P（图 23）. 由不等式(1)可见点 A_i,A_{i+1},A_j,A_{j+1} 中任何两个都不重合. 因为按已知条件，已知点 $A_1,A_2,\cdots,A_n$ 中任何三点不在一条直线上，所以点 P 位于线段 A_iA_{i+1} 及 A_jA_{j+1} 之外.

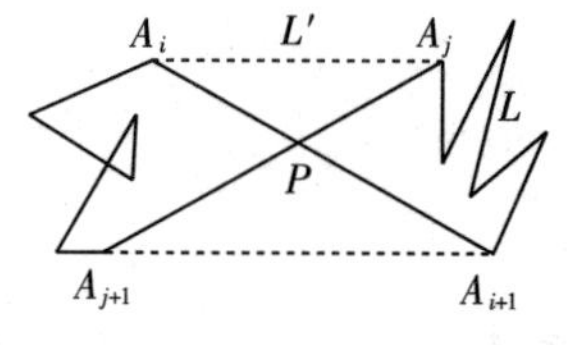

图 23

因为在任何非退化的三角形[①]中，任一边小于另两边之和，所以

$$A_iA_j<A_iP+PA_j,A_{i+1}A_{j+1}<A_{i+1}P+PA_{j+1}$$

因此

$$A_iA_j+A_{i+1}A_{j+1}<A_iA_{i+1}+A_jA_{j+1}$$

这表明，由折线 $L(A_{j+1},A_i),A_iA_j,L(A_i,A_{i+1}),A_{i+1}A_{j+1}$ 组成的经过已知点 $A_1,A_2,\cdots,A_n$ 的封闭折线 L'，比由折线 $L(A_{j+1},A_i),A_iA_{i+1},L(A_{j+1},A_j),A_jA_{j+1}$ 组成的封闭折线 L 短. 这与 L 的最短性矛盾. 因此通过点 $A_1,A_2,\cdots,A_n$ 的最短封闭折线一定是简单折线.

① 即三个顶点不在一直线上.

附注 不难证明，通过点 $A_1, A_2, \cdots, A_n$ 的简单闭折线是存在的. 事实上，如果这条折线先后通过点 A_i 和 A_j，那么折线在顶点 A_i 和点 A_j 间的部分不短于线段 A_iA_j（因为线段短于联结它的两端的任何折线）. 因此，为了求得经过点 $A_1, A_2, \cdots, A_n$ 的最短折线，只需考察由诸线段 A_iA_j 组成的折线. 因为这种线段只有有限条，所以由它们组成的封闭折线也只有有限条，在这些折线中必定存在最短的一条.

3 证明：存在这样的整系数多项式 $P(x)$，对于区间 $[\frac{1}{10}, \frac{9}{10}]$ 中的一切 x 值，它适合不等式 $\left|P(x)-\frac{1}{2}\right|<\frac{1}{1\ 000}$.

证明 我们来考察多项式 $f_n(x)=\frac{1}{2}((2x-1)^n+1)$，这里 n 是自然数. 因为多项式 $(2x-1)^n+1$ 的系数都是偶数，所以 $f_n(x)$ 是整系数多项式.

当 $x\in[\frac{1}{10}, \frac{9}{10}]$ 时，二项式 $2x-1$ 适合不等式 $-0.8\leqslant 2x-1\leqslant 0.8$，所以

$$\left|f_n(x)-\frac{1}{2}\right|=\frac{1}{2}\mid 2x-1\mid^n\leqslant\frac{1}{2}(0.8)^n$$

我们来计算一下，什么样的自然数 n 适合不等式 $\frac{1}{2}(0.8)^n<0.001$

$$(0.8)^n<0.002, n\lg 0.8<\lg 0.002$$

$$n>\frac{\lg 0.002}{\lg 0.8}=27.8$$

因此，当 $n\geqslant 28$ 时，任一多项式 $f_n(x)$ 都满足问题的要求.

4 在一条与球 K 无公共点的直线上给定两点 A 和 B，由球心 K 向直线 AB 所作的垂线之垂足 P 位于点 A，B 之间，并且线段 AP 和 BP 都大于球的半径. 我们来考察所有的两边 AC，BC 与球 K 相切的 $\triangle ABC$ 所形成的集合 Z. 证明：当且仅当 $\triangle T$ 是集合 Z 中具有最大面积的三角形时，它是集合 Z 中具有最大周长的三角形.

证明 首先证明下列引理：

引理 设点 W 是圆锥顶点，点 O 是圆锥底面中心，点 Q 是底面上一点. 那么当 $O\in QR$ 时，直线 WQ 与母线 WR 的夹角取最大值(图 24).

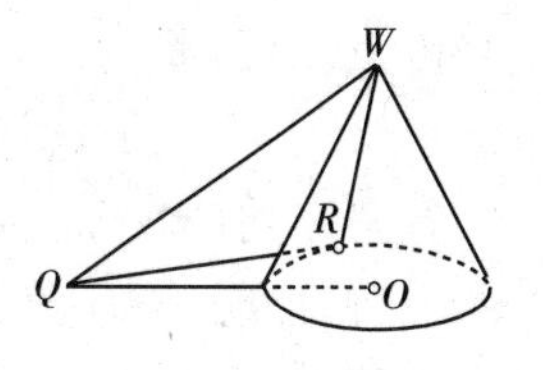

图 24

引理证明　对于底面圆上任何一点 R，按照余弦定理

$$QR^2 = WR^2 + WQ^2 - 2WR \cdot WQ\cos\angle QWR$$

因为线段 WR 和 WQ 长度固定(与点 R 在底面圆上的位置无关)，所以当 $\angle QWR$ 的余弦达到最小值，亦即线段 QR 的长度最大时，$\angle QWR$ 取最大值. 显然，当 $O \in QR$ 时，QR 最大，故得引理.

现在来解本题. 设 $\triangle ABC'$ 是集 Z 中的一个包含球 K 的中心 O 的三角形. 显然集 Z 中存在这样的三角形. 设 $\alpha' = \angle BAC'$，$\beta' = \angle ABC'$，类似地，对集 Z 中任何一个 $\triangle ABC$，设 $\alpha = \angle BAC$，$\beta = \angle ABC$.

因为 AC 是球 K 的切线，所以它是以 AO 为轴的直圆锥的母线. 因此按引理知 $\alpha' \geqslant \alpha$. 类似地，$\beta' \geqslant \beta$. 将 $\triangle ABC'$ 和 $\triangle ABC$ 放在同一个平面上(图 25). 我们容易看到 $\triangle ABC \subset \triangle ABC'$，而且这两个三角形有公共底边. 这表明 $\triangle ABC'$ 的面积和周长不小于 $\triangle ABC$ 的面积和周长.

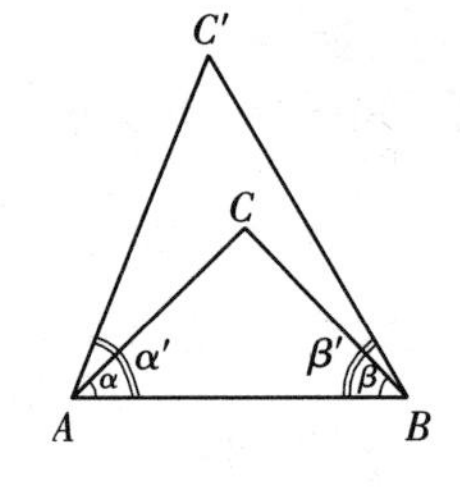

图 25

5 证明：任一个有限集的全部子集可以这样排列顺序，使任何两个邻接的集相差一个元素.

证明　设有限集 A 含 n 个元素. 我们对 n 用数学归纳法证明，存在这样的有序子集组

$$A_1, A_2, \cdots, A_m \tag{1}$$

A 的任何子集在其中只出现一次. 并且子集组(1) 还具有下列性质

$$\begin{cases}\text{当 } i = 1,2,\cdots,m-1 \text{ 时，子集 } A_{i+1}\backslash A_i \\ \text{与 } A_i\backslash A_{i+1} \text{ 中有一个是空集，而另一个含 1 个元素}\end{cases} \tag{2}$$

当 $n = 1$ 时，集 A 含 1 个元素，因而子集组 $A_1 = \varnothing$，$A_2 = A$ 即满足条件(2).

现设存在某个自然数 n，任一含 n 个元素的集的各个子集都可排列成条件(1) 那样，并适合条件(2). 我们要证明，任何含 $n+1$ 个元素的集，也具有这样的性质.

设集 B 含 $n+1$ 个元素. 任取元素 $b \in B$，并记 $A = B\backslash\{b\}$. 集 A 含 n 个元素，所以按归纳假设，集 A 的全部子集可以排成条件(1) 那样的有序组，而且适合条件(2). 我们来考察有序集组

$$A_1, A_2, \cdots, A_m, A_m \cup \{b\}, A_{m-1} \cup \{b\}, \cdots, A_2 \cup \{b\}, A_1 \cup \{b\} \tag{3}$$

有限序列(3) 的各项互异，并且 B 的每个子集只在其中出现一次. 我们证明，有序集组(3) 满足与条件(2) 类似的条件. 为此我们来计算集组(3) 中相邻两项之差，按归纳假设，当 $i = 1,2,\cdots,m$ 时，集 $A_{i+1}\backslash A_i$ 与 $A_i\backslash A_{i+1}$ 中有一个是空集，另一个只含 1 个元素.

因此，集$(A_{i+1}\cup\{b\})\setminus(A_i\cup\{b\})=A_{i+1}\setminus A_i$，及$(A_i\cup\{b\})\setminus(A_{i+1}\cup\{b\})=A_i\setminus A_{i+1}$中有一个是空集，另一个只含 1 个元素．另外，显然可见，$A_m\setminus(A_m\cup\{b\})=\varnothing$，而$(A_m\cup\{b\})\setminus A_m=\{b\}$．因此有序集组(3) 满足(2) 类似的条件．于是命题得证．

附注　问题 5 有一个有趣的几何解集．我们考察 $n=3$ 的情形．如果 $A=\{a_1,a_2,a_3\}$，那么集 A 的子集 A' 可以与点(e_1,e_2,e_3)等同，点的坐标等于 0 或 1，其规则是

$$e_j=\begin{cases}0,若\ a_j\notin A'\\1,若\ a_j\in A'\end{cases}$$

这些点分布在由平行于坐标轴的单位矢量所构成的立方体的顶点上．

设 A' 和 A'' 是集 A 的两个子集．当且仅当与子集 A' 和 A'' 对应的两点只有一个坐标互异时，集 $A'\setminus A''$ 和 $A''\setminus A'$ 中一个是空集，另一个只含一个元素．这样只有一个坐标互异的点属于正方体的同一条棱．因此，原题可以这样叙述：存在一条折线，它由正方体的一些棱组成，并且对正方形的各个顶点都只通过一次．

对 $n\neq 3$ 也可作出类似的几何解集．唯一的不同点在于，要用 n 维超立方体代替正方体来考察．

6 证明：当 n 趋向无穷时，数 $1\,972^n$ 的数字之和无限增长．

证明　我们证明，若 a 是偶数，而且不是 5 的倍数，而 S_n 是 a^n 的数字之和$(n=1,2,\cdots)$，则序列$\{S_n\}$无限增大．

设 $a_1,a_2,\cdots$ 是在十进制中，数 a^n 的各位数字（从右向左数），在这序列中下标足够大的项都是零，因此

$$a^n=(\cdots a_3a_2a_1)_{10}$$

因为已知 a 不是 5 的倍数，所以 $a_1\neq 0$，因而 a^n 也不是 5 的倍数．

引理　如果

$$1\leqslant j\leqslant\frac{1}{4}n \tag{1}$$

那么数 a^n 的数字 $a_{j+1},a_{j+2},\cdots,a_{4j}$ 中至少有一个不为零．

引理证明　如果对某个满足不等式(1) 的自然数 j，有关系式

$$a_{j+1}=a_{j+2}=\cdots=a_{4j}=0$$

那么，若令

$$c=(a_ja_{j-1}\cdots a_2a_1)_{10}$$

则有

$$a^n-c=(\cdots a_{4j+2}a_{4j+1}00\cdots 0)_{10}$$

因此，$10^{4j} \mid a^n - c$①，因而

$$2^{4j} \mid a^n - c \tag{2}$$

因为 a 是偶数，所以 $2^n \mid a^n$，由此(根据不等式 $4j \leqslant n$) 得

$$2^{4j} \mid a^n \tag{3}$$

由关系式(2)，(3) 可知 $2^{4j} \mid a^n - (a^n - c) = c$，但 $2^{4j} = 16^j > 10^j > c$，所以 $c = 0$. 但已知 c 的末位数字 $a_1 \neq 0$，所以此不可能. 于是引理得证.

根据这个引理，在下列各组数字中(这些数字在 a^n 的十进制表达式中出现)，至少各有一个数字不为零

$$\begin{cases} a_2, a_3, a_4 \\ a_5, a_6, a_7, \cdots, a_{16} \\ \vdots \\ a_{4^k+1}, a_{4^k+2}, \cdots, a_{4^{k+1}} \end{cases} \tag{4}$$

这里 $j = 4^k$ 满足条件(1)，亦即 $4^k \leqslant \frac{1}{4}n$. 取幂指数 k 等于满足下列不等式的 k 中的最大者

$$4^k \leqslant \frac{1}{4}n$$

或即

$$4^{k+1} \leqslant n, k+1 \leqslant \log_4 n$$

因此，令 $k = [\log_4 n] - 1$，这里$[x]$表示数 x 的整数部分(即不超过 x 的最大整数).

于是，式(4) 中的 $k+1$ 个序列含有数 a^n 的不同数字，而且每个序列都含有非零项. 因此数 a^n 的数字和 s_n 不小于 $k+1 = [\log_4 n]$. 因为$[\log_4 n] > \log_4 n - 1$，且 $\lim\limits_{n\to\infty} \log_4 n = \infty$，又因为 $s_n \geqslant [\log_4 n]$，所以

$$\lim_{n\to\infty} s_n = \infty$$

① 记号 $m \mid n$ 表示整数 m 整除整数 n.

第 24 届波兰数学竞赛题

1972～1973 年

1 证明:任何多项式可以表示成两个单调递增的多项式之差.

证法 1 设 $f(x)=a_0+a_1x+\cdots+a_nx^n,n\geqslant 1$,那么

$$|f'(x)|=|a_1+2a_2x+\cdots+na_nx^{n-1}|\leqslant$$
$$|a_1|+2|a_2||x|+\cdots+n|a_n||x^{n-1}|<$$
$$M(1+|x|+|x|^2+\cdots+|x|^{n-1})$$

其中

$$M>\max(|a_1|,2|a_2|,\cdots,n|a_n|)$$

如果 $|x|\leqslant 1$,那么 $|x|^k\leqslant 1(k=1,2,\cdots,n-1)$.因此

$$1+|x|+|x|^2+\cdots+|x|^{n-1}\leqslant n \tag{1}$$

如果 $|x|>1$,那么 $1<|x|<|x|^2<\cdots<|x|^n<x^{2n}$,因此

$$1+|x|+|x|^2+\cdots+|x|^{n-1}<nx^{2n} \tag{2}$$

不等式(1),(2) 表明,对任何 $x\in\mathbf{R}$

$$|f'(x)|<Mn(1+x^{2n})$$

由此估值知

$$f'(x)>-Mn(1+x^{2n}) \tag{3}$$

设 $F(x)=f(x)+Mn(x+x^{2n+1}),G(x)=Mn(x+x^{2n+1})$.那么 $f(x)=F-G$.而由不等式(3) 知

$$F'(x)=f'(x)+Mn(1+(2n+1)x^{2n})\geqslant$$
$$f'(x)+Mn(1+x^{2n})>0$$
$$G'(x)=Mn(1+(2n+1)x^{2n})>0$$

所以 F,G 都是单调递增的多项式.

证法 2 设 $F(x)$ 是函数 $\frac{1}{2}(f'(x)^2+f'(x)+1)$ 的原函数,并且满足条件 $F(0)=f(0)$;又设 $G(x)$ 是函数 $\frac{1}{2}(f'(x)^2-f'(x)+1)$ 的满足条件 $G(0)=0$ 的原函数.

显然,$F(x)$ 和 $G(x)$ 是单调递增的多项式.事实上,$F'(x)=\frac{1}{2}(f'(x)^2+f'(x)+1)>0,G'(x)=\frac{1}{2}(f'(x)^2-f'(x)+1)>$

0(因为多项式 t^2+t+1 及 t^2-t+1 都只取正值).

另外,$(F-G)'=F'-G'=f'$,所以 $F(x)-G(x)=f(x)+C$,其中 C 为常数.比较两边当 $x=0$ 时的值,得 $C=0$.因此 $F(x)-G(x)=f(x)$,证毕.

证法 3 我们对多项式 f 的次数用数学归纳法证明.

如果多项式 f 恒等于某个常数($f(x)\equiv C$),那么 $f(x)=(x+c)-x$,而多项式 $x+c$ 及 x 单调递增.下面设 $f(x)$ 的次数大于零,并且任何次数比它低的多项式都可表示成两个单调递增的多项式之差的形式.

如果多项式 $f(x)$ 的次数是偶数(等于 $2n$),那么

$$f(x)=ax^{2n}+g(x) \tag{4}$$

这里多项式 $g(x)$ 次数小于 $2n$.由牛顿二项式定理得

$$\frac{1}{2n+1}((x+a)^{2n+1}-x^{2n+1})=ax^{2n}+h(x) \tag{5}$$

这里 $h(x)$ 是次数低于 $2n$ 的多项式.多项式 $(x+a)^{2n+1}$ 及 x^{2n} 单调递增.按归纳假设,存在单调递增多项式 F_1 和 G_1 适合

$$g+h=F_1-G_1 \tag{6}$$

因此,如果令

$$F(x)=F_1(x)+\frac{1}{2n+1}(x+a)^{2n+1}$$

$$G(x)=G_1(x)+\frac{1}{2n+1}x^{2n+1}$$

那么由关系式(4),(5),(6),可将 $f(x)$ 写成

$$f(x)=F-G$$

又因为 F,G 都是两个单调递增多项式之和,所以它们也单调递增.

如果多项式 $f(x)$ 的次数是奇数(等于 $2n-1$),那么

$$f(x)=ax^{2n-1}+g(x) \tag{7}$$

其中多项式 $g(x)$ 的次数低于 $2n-1$.按归纳假设,存在单调递增多项式 F_1 和 G_1 适合

$$g=F_1-G_1 \tag{8}$$

我们知道,任何一个实数 a 总可表示成两个正数之差:$a=b-c$.现在只需取(例如)$b=|a|+1$,$c=|a|-a+1$,就可使

$$ax^{2n-1}=bx^{2n-1}-cx^{2n-1} \tag{9}$$

且多项式 bx^{2n-1} 与 cx^{2n-1} 都单调递增.因此,如果令 $F(x)=F_1(x)+bx^{2n-1}$,$G(x)=G_1(x)+cx^{2n-1}$,那么由关系式(7),(8)和(9)可得 $f=F-G$,而且 F,G 是两个单调递增多项式(因为它们是两个单调递增多项式之和).

证法 4 首先注意,如果 $f_1=F_1-G_1$,$f_2=F_2-G_2$,且多项

式 F_1, F_2, G_1, G_2 单调递增,那么 $f_1+f_2=(F_1+F_2)-(G_1+G_2)$,而且多项式 F_1+F_2, G_1+G_2 也单调递增.类似地,如果 a 是任意非零实数,那么 $af_1=aF_1-aG_1=(-aG_1)-(-aF_1)$.当 $a>0$ 时,多项式 aF_1 和 aG_1 单调递增,当 $a<0$ 时,多项式 $-aF_1$ 和 $-aG_1$ 也单调递增.

因此,对于可表示成两个单调递增多项式之差的多项式,任何两个这种多项式之和,以及任何一个这种多项式与常数之积,也都可表示成两个单调递增多项式之差.

由此可知,如果每个单项式 $x^n(n\geqslant 0)$ 可以表示成两个单调递增多项式之差,那么因为任何一个多项式都是单项式 $1, x, x^2, \cdots$ 与常系数之积的有项和,因而也可表示成两单调递增多项式之差.

单项式 x^{2n-1} 等于两个单调递增多项式 $2x^{2n-1}$ 和 x^{2n-1} 之差.单项式 1 可以表示成 $x+1$ 与 1 之差,最后,$x^{2n}(n\geqslant 1)$ 可表示成 $x^{4n-1}+x^{2n}+2nx$ 和 $x^{4n-1}+2nx$ 之差,这两对多项式都是单调递增多项式.这里,最后一对多项式的单调递增性是不难证明的,因为它的导数仅取正值

$$(x^{4n-1}+2nx)'=(4n-1)x^{4n-2}+2n>0(x\in\mathbf{R})$$

$$(x^{4n-1}+x^{2n}+2nx)'=(4n-1)x^{4n-2}+2nx^{2n-1}+2n\geqslant 2n(x^{4n-2}+x^{2n-1}+1)>0(x\in\mathbf{R})$$

(后一不等式是由于二次三项式 t^2+t+1 只取正值).

2 设在连续 n 次抛掷硬币的试验中,硬币接连 100 次落下时都是正面向上的概率是 p_n.证明:序列 p_n 收敛,并且求其极限.

证明 用数字 0 代表正面朝上,数字 1 代表背面朝上.每个基本事件对应一个 $n-$数组(即由 n 个数组成的有序集),其中每个数只取 0 或 1.因此基本事件的总数等于 2^n.连续 100 次落下时正面朝上称为有利事件.我们先计算不利事件(即不包含连续 100 次正面朝上)的概率.

设 $n=100k+r$,其中 $k\geqslant 0, 0\leqslant r<100$.因此,任何一个 $n-$数组 由 k 个 $100-$数组及 1 个 $r-$数组构成.由 0 和 1 组成的 $100-$数组的总数等于 2^{100},除去全由 0 组成的那个数组外,还有 $2^{100}-1$ 个 $100-$数组.于是每个不含连续 100 个 0 的 $n-$数组,都是由 k 个这种 $100-$数组及其各 $r-$数组组成.因此,不利事件的总数不大于$(2^{100}-1)^k\cdot 2^r$.

这表明

$$1 \geqslant p_n \geqslant 1-\frac{(2^{100}-1)^k \cdot 2^r}{2^{100k+r}}=1-\left(1-\frac{1}{2^{100}}\right)^k \tag{1}$$

若 n 趋于无穷,则 k 也无限增长. 因为 $0<q<1$ 时, $\lim\limits_{h \to \infty} q^k=0$,所以 $\lim\limits_{k \to \infty}\left(1-\frac{1}{2^{100}}\right)^k=0$. 因为式(1)左、右两端的序列极限都等于 1,所以 $\lim\limits_{n \to \infty} p_n=1$.

3 已知多面体 W 具有下列诸性质:

(1) 它有对称中心;

(2) 经过对称中心及任一棱的平面与 W 相截,所得截面是平行四边形;

(3) 多面体 W 有恰好属于它的三条棱的顶点.

证明:W 是平行六面体.

证明 不同一个平面上而且同时属于有限多个半空间的空间有界点集称为多面体. 因为半空间是凸集,凸集的公共部分也是凸集,因此多面体是凸集.

特别,由多面体的凸性可推知,如果它的两个顶点 P,Q 属于同一对面,那么线段 PQ 也属于这两个面,因而属于这两个面的公共部分,所以 PQ 就是多面体的棱.

设多面体 W 的顶点 A_0 同时属于它的棱 A_0A_1, A_0A_2, A_0A_3. 因为多面体 W 有对称中心,所以与顶点 A_0 对称的顶点 A_0' 也同时属于三条棱 $A_0'A_1', A_0'A_2', A_0'A_3'$,这里 $A_i'(i=1,2,3)$ 是 A_i 的对称点. 设 π_i 是经过多面体 W 的对称中心及棱 A_0A_i 的平面($i=1,2,3$). 平面 π_i 也含有棱 $A_0'A_i'$,而且由已知条件推知, $W \cap \pi_i$ 的形状是四边形. 显然,这就是四边形 $A_0A_iA_0'A_i'$.

设 $S_{jk}(j \neq k; j,k \in \{1,2,3\})$ 是多面体 W 通过顶点 A_0, A_j, A_k 的面, S_{jk} 是与它对称的面. 如果数 j 和 k 不等于 i,并且属于集 $\{1,2,3\}$,那么平面 π_i 与面 S_{jk} 相交. 因为 $\pi_i \cap W$ 是四边形 $A_0A_iA_0'A_i'$, $A_0 \in S_{jk}$, $A_0' \notin S_{jk}$,而且 $A_i \notin S_{jk}$,所以 $A_i' \in S_{jk}$. 类似可以证明 $A_i \in A_{jk}'$.

如果数 i,j,k 两两不等并且属于集 $\{1,2,3\}$,那么如上面所证, $A_i, A_j' \in S_{jk}'$, $A_i, A_j' \in S_{ik}$. 因为多面体 W 是凸的,所以依据开始时作的注可以断定当 $i \neq j$ 时, A_iA_j' 是多面体 W 的棱. 四边形 $A_0A_iA_j'A_k$ 和 $A_0'A_i'A_jA_k'$ 都是多面体 W 的面,因此多面体 W 有 6 个四边形形状的面. 因为多面体 W 有对称中心,所以这些面两两平行. 因此多面体 W 是平行六面体.

附注 在上面的解法中,我们没有用经过对称中心及任一棱的平面与多面体 W 相截得到平行四边形的假定. 我们只需假设这些截面是四边形.

4 已知一条直线上的一组线段,它们总长度小于 1. 证明:任何由直线上的 n 个点组成的集,可以沿直线平移过一个长度不超过 $\frac{n}{2}$ 的矢量,使平移后的点中有一点不属于任何一条已知线段.

证明 设 $P_i(i=1,2,\cdots,n)$ 是直线上 n 个已知点. 设 A 是总长度不超过 1 的已知线段的并集, I_i 是长度为 n、中点是 P_i 的线段.

显然,集 $A\cap I_i$ 是总长小于 1 的线段的并集. 设 φ_i 表示以向量 $\overrightarrow{P_iP_1}$ 为位移的平移 $(i=1,2,\cdots,n)$. 因为平移不改变线段的长,所以 $\varphi(I_i)=I_1$ 而

$$I=\bigcup_{i=1}^{n}\varphi_i(A\cap I_i)$$

是总长度小于 n 的线段的并集,并且 $I\subset I_1$. 按照作法,线段 I_1 的长等于 n. 因此存在属于集 $I_1\sim I$ 的点 Q.

我们证明,以向量 $\overrightarrow{P_1Q}$ 为位移的平移 φ 满足问题的条件. 因为 $Q\in I_1$,点 P_1 是线段 I_1 的中点,线段 I_1 的长等于 n,所以 $P_1Q\leqslant\frac{n}{2}$. 因此,对于 $i=1,2,\cdots,n$,点 P_i 在平移 φ 之下的象属于线段 I_i: $\varphi(P_i)\in I_i$.

如果对于某个 i,点 P_i 的象 $\varphi(P_i)$ 属于已知线段的并集 $A(\varphi(P_i)\in A)$,那么,因为 $\varphi(P_i)\in I_1$,我们可以断定 $\varphi(P_i)\in A\cap I_i$,因而

$$\varphi_i(\varphi(P_i))\in\varphi_i(A\cap I_i)\subset I \tag{1}$$

变换 $\varphi_i\varphi$ 是以向量 $\overrightarrow{P_1Q}+\overrightarrow{P_iP}=\overrightarrow{P_iQ}$ 为位移的平移,因此 $\varphi_i(\varphi(P))=Q$. 于是由式(1)推知 $Q\in I$,但由 $Q\in I_1\sim I$,所以得到矛盾. 这表明 $\varphi(P_i)\notin A(i=1,2,\cdots,n)$.

5 证明:任何一个正的既约分数 $\frac{m}{n}$ 可以表示成两两互异的自然数的倒数之和.

证法 1 选取自然数 k 满足不等式 $n\leqslant 2^k$. 设 q 和 r 分别是 2^km 除以 n 的商和余数,亦即 $2^km=qn+r$,这里 $0\leqslant r<n$. 于是

$$\frac{m}{n}=\frac{2^km}{2^kn}=\frac{qn+r}{2^kn}=\frac{q}{2^k}+\frac{r}{2^kn} \tag{1}$$

因为$\frac{m}{n}<1$，所以$qn\leqslant qn+r=2^k m<2^k n$，由此$q<2^k$. 因此，在二进制中数$q$可写成

$$q=q_0+q_1\cdot 2+q_2\cdot 2^2+\cdots+q_{k-1}\cdot 2^{k-1}$$

其中数字q_i等于0或1. 于是

$$\frac{q}{2^k}=q_0\cdot\frac{1}{2^k}+q_1\cdot\frac{1}{2^{k-1}}+q_2\cdot\frac{1}{2^{k-2}}+\cdots+q_{k-1}\cdot\frac{1}{2}\qquad(2)$$

按定义数r和k满足不等式$r<n\leqslant 2^k$. 因此，在二进制下数r写成

$$r=r_0+r_1\cdot 2+r_2\cdot 2^2+\cdots+r_{k-1}\cdot 2^{k-1}$$

其中数字r_j等于0或1，由此得

$$\frac{r}{2^k n}=r_0\cdot\frac{1}{2^k n}+r_1\cdot\frac{1}{2^{k-1}n}+\cdots+r_{k-1}\cdot\frac{1}{2n}\qquad(3)$$

另外，因为$r<n$，所以当$j=0,1,\cdots,k-1$时有不等式

$$r_j\cdot\frac{1}{2^{k-j}n}=\frac{r_j 2^j}{2^k n}\leqslant\frac{r}{2^k n}<\frac{1}{2^k}$$

因此，和数(3)中的每个非零加项小于和数(2)中任何非零加项. 这表明和数(2)与(3)含有不同的加项.

于是，由关系式(1)，(2)和(3)，我们可将数$\frac{m}{n}$表示成两两互异的$\frac{1}{t}$形成的分数之和(此处t是自然数).

证法 2 我们对m用数学归纳法证明，区间(0,1)中的每个分数$\frac{m}{n}$(这里$(m,n)=1$)可以表示成两两不同的自然数的倒数之和.

当$m=1$时，因为

$$\frac{1}{n}=\frac{1}{2n}+\frac{1}{3n}+\frac{1}{6n}\text{①}$$

所以结论正确.

设m是大于1的自然数. 假设命题对小于m的自然数成立，我们证明它对m也成立.

设q和r是n除以m的商和余数，亦即

$$n=qm+r\qquad(4)$$

其中$0\leqslant r<m$.

因为$0<\frac{m}{n}<1$，所以$m<n$，$q>0$. 如果$r=0$，那么由关系式(4)可知n被$m>1$整除. 这与m，n互素的假设矛盾. 由此可知$r>0$，$m-r<m$.

---

① 最简单的一个表达式是$\frac{1}{n}=\frac{1}{n}$.

将关系式(4) 写成 $n=(q+1)m-(m-r)$. 那么

$$\frac{m}{n}-\frac{1}{q+1}=\frac{(q+1)m-n}{n(q+1)}=\frac{m-r}{n(q+1)} \tag{5}$$

因为 $m-r<m$,所以按归纳假设[①],数$\frac{m-r}{n(q+1)}$ 可以表示成两两互异的自然数的倒数之和

$$\frac{m-r}{n(q+1)}=\frac{1}{t_1}+\cdots+\frac{1}{t_k} \tag{6}$$

因为 $n>m>1$,所以由关系式(6) 可知,当 $i=1,2,\cdots,k$ 时,不等式 $t_1>q+1$ 成立. 将式(6) 代入式(5),可得

$$\frac{m}{n}=\frac{1}{q+1}+\frac{1}{t_1}+\cdots+\frac{1}{t_k}$$

因此,我们将分数$\frac{m}{n}$ 表示成两两互异的自然数倒数之和. 根据归纳法原理,命题对任何自然数 m 成立.

6 证明:对于任何具有对称中心的多边形,存在不多于1个包含该多边形,而且面积最小的椭圆.

证明 我们知道,半轴是 a 和 b 的椭圆的面积等于 πab.

设 φ 是由 $\varphi(x,y)=(x,ky)$ 给出的平面到自身上的映射,这里 k 是固定正数. 这种变换当 $k<1$ 时称为压缩,当 $k>1$ 时称为伸长. 更精确地说,它分别称为系数为 k 的向 x 轴的压缩及系数为 k 的沿 y 轴方向的伸长. 显然,系数为 k 的向 x 轴的压缩(沿 y 轴方向的伸长) 的逆变换是系数为$\frac{1}{k}$ 的沿 y 轴方向的伸长(向 x 轴的压缩).

已知知道,如果 φ 是系数为 k 的向 x 轴的压缩或沿 y 轴方向的伸长,而 F 是某个图形,那么图形 F 的象 $\varphi(F)$ 的面积等于图形 F 的面积乘以 k.

引理 设 E 为椭圆,其方程为

$$\frac{(x-c_1)^2}{a^2}+\frac{(y-c_2)^2}{b^2}=1 \tag{1}$$

而 φ 是系数为 $k=\frac{a}{b}$ 的向 x 轴的压缩(或沿 y 轴方向的伸长),那么 $\varphi(E)$ 是方程为

$$(x-c_1)^2+\left(y-\frac{a}{b}c_2\right)^2=a^2 \tag{2}$$

的圆.

---

① 严格地说,在归纳假设中必须要求分数是既约的. 但是如果$\frac{m-r}{n(q+1)}=\frac{m_1}{n_1}$,这里$(m_1,n_1)=1$,那么 $m_1<m-r<m$,于是应用归纳假设可得式(6).

引理证明　设(x,y)是椭圆E的点，亦即坐标满足方程(1)的点. 我们证明点$\varphi(x,y)=\left(x,\frac{a}{b}y\right)$满足方程(2). 将点$(x,y)$的象点$\left(x,\frac{a}{b}y\right)$的坐标代入方程(2)，得

$$(x-c_1)^2+\left(\frac{a}{b}y-\frac{a}{b}c_2\right)^2=a^2\left(\frac{(x-c_1)^2}{a^2}+\frac{(y-c_2)^2}{b^2}\right)=a^2$$

类似地可证明逆命题：任何满足方程(2)的点坐标的形状是$\varphi(x,y)$，这里$(x,y)\in E$.

由所证的引理可知，如果φ是系数为$\frac{a}{b}$的向x轴的压缩，那么任何半轴为a和b，而且对称轴平行于坐标轴椭圆的象是半径为a的圆.

有了这些准备，我们来解本题. 我们首先证明，如果多边形W有对称中心，并且包含多边形W的椭圆E有最小面积，那么多边形对称中心与椭圆对称中心重合.

我们假定多边形W的对称中心P不与椭圆E的中心重合. 设ϕ是关于中心P的对称变换. 那么$\phi(E)$是包含多边形$\phi(W)=W$并且与椭圆E不同的椭圆. 因为中心对称变换下任何线段的象平行于原线段，所以椭圆E与$\phi(E)$的轴分别平行. 我们选取坐标轴平行于椭圆E的轴(图26).

椭圆E和$\phi(E)$全等，所以由引理可知，存在向x轴的压缩(或沿y轴方向的伸长)φ，使图形$\varphi(E)$和$\varphi(\phi(E))$是中心在点O_1和点O_2的等圆. 这些圆包含多边形$\varphi(W)$.

设点O是线段O_1O_2的中点，点P_1是圆$\varphi(E)$和$\varphi(\phi(E))$的一个交点. 显然，中心在点O，半径为OP_1的圆Q包含圆$\varphi(E)$与$\varphi(\phi(E))$的公共部分. 另外，$OP_1<O_1P_1$. 因此，圆Q的面积小于圆$\phi(E)$的面积(图27).

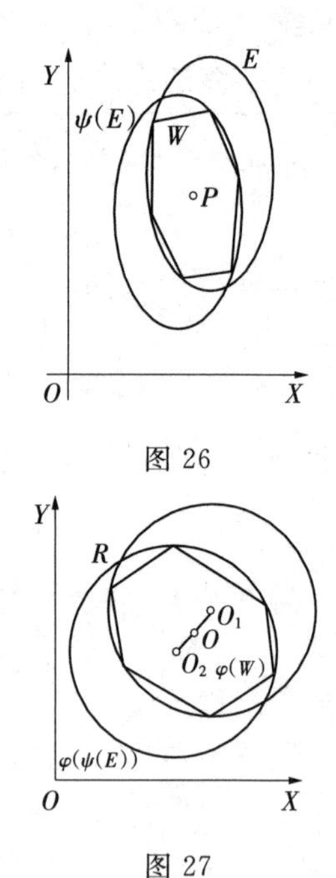

图 26

图 27

设伸长(压缩)φ^{-1}是压缩(伸长)φ的逆变换. 按引理，圆形$\varphi^{-1}(Q)$是椭圆，它的面积小于椭圆$\varphi^{-1}(\varphi(E))=E$的面积. 因为$Q\supset\varphi(W)$，所以$\varphi^{-1}(Q)\supset\varphi^{-1}(\varphi(W))=W$. 于是，与$E$是包含多边形$W$的面积最小的椭圆之假定矛盾. 因此多边形$W$的对称中心与任何包含多边形$W$而且面积最小椭圆的对称中心重合.

我们假定椭圆E_1和E_2是两个包含多边形W的面积最小的椭圆. 根据上面所证，多边形的对称中心点P与这两个椭圆E_1和E_2的中心重合. 任何向x轴的压缩(沿y轴方向的伸长)都是一个仿射变换，而任何仿射变换都把椭圆变成椭圆. 因此，上面证明的引理使我们可以认为这两个椭圆之一，例如椭圆E_1，退化为圆(只需经过相应的压缩或伸长). 我们选取坐标系，使点P与坐标原点

重合，椭圆 E_2 的两条对称轴与坐标轴重合. 那么椭圆 E_1 是 E_2 的方程分别有下列形式

$$(E_1)\ x^2+y^2=r^2$$

$$(E_2)\ \frac{x^2}{a^2}+\frac{y^2}{b^2}=1 \quad (a\neq b)$$

因为椭圆 E_1 和 E_2 面积相等，所以 $ab=r^2$. 因此，当且仅当

$$\begin{aligned} &x^2+y^2\leqslant ab \\ &\frac{x^2}{a^2}+\frac{y^2}{b^2}\leqslant 1 \end{aligned} \tag{2}$$

时，点 (x,y) 属于集 $E_1\cap E_2$.

将这两不等式两边分别相加，得

$$\left(1+\frac{1}{a^2}\right)x^2+\left(1+\frac{1}{b^2}\right)y^2\leqslant ab+1$$

变换后为

$$\frac{x^2}{\dfrac{a^2(ab+1)}{a^2+1}}+\frac{y^2}{\dfrac{b^2(ab+1)}{b^2+1}}\leqslant 1 \tag{3}$$

因此，集 $E_1\cap E_2$ 包含在椭圆(3)中. 因为当 $a\neq b$ 时

$$\begin{aligned} &(a^2+1)(b^2+1)-(ab+1)^2= \\ &(a^2b^2+a^2+b^2+1)-(a^2b^2+2ab+1)= \\ &a^2+b^2-2ab=(a-b)^2>0 \end{aligned}$$

所以

$$(a^2+1)(b^2+1)>(ab+1)^2 \tag{4}$$

由此可知，椭圆(3)的面积 S 的平方满足不等式

$$S^2=\pi^2\frac{a^2b^2(ab+1)^2}{(a^2+1)(b^2+1)}<\pi^2a^2b^2$$

因为椭圆 E_2 面积的平方等于 $\pi^2a^2b^2$，所以这个不等式表明椭圆(3)的面积小于椭圆 E_2 的面积. 这个矛盾表明包含多边形 W 的面积最小的椭圆不可能多于 1 个.

第25届波兰数学竞赛题

1973～1974年

1 在四面体$ABCD$中，棱AB与CD互相垂直，且$\angle ACB=\angle ADB$. 求证：棱CD的中点与棱AB所确定的平面垂直于棱CD.

证明 首先证明下列引理：

引理 如果直线AB与CD垂直相交于点P，那么射线PQ上对线段AB的视角为α的点的个数等于0，1或2.

引理证明 我们知道，在以直线AB为边界的半平面中，对线段AB的视角为α的点Q所组成的点集是一条圆弧. 根据线段AB与点P的位置以及$\angle\alpha$的大小，弧与射线的公共点数有0，1，2三种可能(图28).

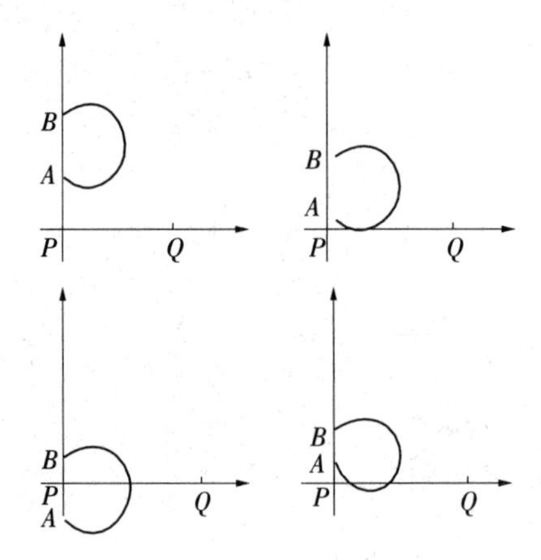

图28

推论 如果直线AB垂直于平面π，那么平面π上对线段AB的视角为$\alpha(0<\alpha<\pi)$的点组成的集，或者是空集，或者是一个圆或两个等圆.

推论证明 设点P是直线AB与平面π的交点，点Q是平面π上任意与P不同的点. 根据上面所证的引理，射线PQ上对线段AB的视角为α的点不多于2个. 这些点以AB为轴旋转后生成不多于2个等圆K_1和K_2，这些圆上每个点对线段AB的视角为α. 按引理，平面π上每个不在圆K_1和K_2上的点对线段AB的视角都不等于α.

现在解本题. 设π是与棱AB垂直并且含有一条过顶点D的

棱的平面，点 P 是直线 AB 与平面 π 的交点. 按已知条件，点 C 和点 D 对线段 AB 的视角相等. 根据引理的推论可知，或者：

(1) 点 C 和点 D 在同一个以点 P 为圆心的圆上；

(2) 点 C 和点 D 在以点 P 为圆心的两个不同的圆上.

在情形(1)，线段 CD 的垂直平分线经过点 P，因而棱 CD 的中点及棱 AB 所确定的平面与棱 CD 垂直.

在情形(2)，线段 CD 的垂直平分线不经过点 P. 因为不然的话，四面体的顶点 C，D 与点 P 等距离，因而这两个顶点位于以 P 为圆心的圆上，这不可能. 因此，棱 CD 的中点与棱 AB 所确定的平面不包含线段 CD 的垂直平分线，因而不垂直于棱 CD.

因此，在情形(2) 中，问题的结论不成立. 特别，当点 P 在线段 AB 上(例如当 $\angle ACB$ 是钝角)，就出现情形(1).

2 沿山溪游动的鲑鱼必须闯过两道瀑布. 在这个试验中，鲑鱼闯过第一道瀑布的概率是 $p > 0$，闯过第二道瀑布的概率是 $q > 0$. 假定闯过瀑布的试验是独立的. 试求在 n 次试验中鲑鱼不能闯过两道瀑布的条件下，鲑鱼在 n 次试验中不能闯过第一道瀑布的概率.

解 设 A_n 是鲑鱼在 n 次试验中不能闯过第一道瀑布的事件，B_n 是在 n 次试验中不能闯过两道瀑布的事件. 因为在一次试验中不能闯过第一道瀑布的概率是 $1-p$，而且试验是独立的，所以

$$p(A_n) = (1-p)^n \tag{1}$$

事件 B_n 由下列事件组成：鲑鱼在 n 次试验中不能闯过第一道瀑布，或者鲑鱼在第 k 次试验($1 \leqslant k \leqslant n$) 中闯过第一道瀑布，但在后 $n-k$ 次试验中没有闯过第二道瀑布，因此

$$p(B_n) = (1-p)^n + \sum_{k=1}^{n}(1-p)^{k-1}p(1-q)^{n-k} \tag{2}$$

如果 $p = q$，那么式(2) 右边变成

$$p(B_n) = (1-p)^n + \sum_{k=1}^{n}(1-p)^{n-1}p = (1-p)^n + np(1-p)^{n-1} \tag{3}$$

如果 $q = 1$，那么鲑鱼一次试验就闯过第二道瀑布，所以

$$p(B_n) = (1-p)^n + (1-p)^{n-1}p = (1-p)^{n-1} \tag{4}$$

因此，如果鲑鱼在 n 次试验中不能闯过第一道瀑布，或者仅在第 n 次试验中闯过第一道瀑布，那么事件 B_n 发生.

但是，如果规定 $0^0 = 1$，那么式(4) 可由式(2) 推得.

如果 $p \neq q$ 且 $q < 1$，那么应用几何级数求和公式可将式(2)

右边变换为

$$p(B_n)=(1-q)^n+p(1-q)^{n-1}\frac{1-\left(\frac{1-p}{1-q}\right)^n}{1-\left(\frac{1-p}{1-q}\right)}=$$

$$(1-p)^n+(1-q)^n\frac{p}{p-q}\left[1-\left(\frac{1-p}{1-q}\right)^n\right]=$$

$$(1-p)^n+\frac{p}{p-q}-[(1-q)^n-(1-p)^n]=$$

$$\frac{p(1-q)^n-q(1-p)^n}{p-q}$$

于是在这种情形

$$p(B_n)=\frac{p(1-q)^n-q(1-p)^n}{p-q} \tag{5}$$

如果事件 A_n 不发生，那么事件 B_n 更不会发生. 因此 $A_n\cap B_n=A_n$. 按条件概率公式，得

$$p(A_n\mid B_n)=\frac{p(A_n\cap B_n)}{p(B_n)}=\frac{p(A_n)}{p(B_n)} \tag{6}$$

当 $n=1$，由已知条件知 $p(A_n)=1-p$，$p(B_n)=1$. 代入条件概率公式(6)，得 $p(A_n\mid B_n)=1-p$. 下面我们假定 $n\geqslant 2$.

注意 如果 $p\neq q$，那么 $p(B_n)\neq 0$，事实上，如果 $p(B_n)=0$，那么由式(5) 可得 $p(1-q)^n=q(1-p)^n$，因此

$$\frac{p}{q}=\left(\frac{1-p}{1-q}\right)^n \tag{7}$$

但是，如果(比如说)$p<q$，那么 $1-p>1-q$，因而等式(7)不成立. 类似地，当 $p>q$ 时，等式(7) 也不可能成立.

如果 $p=q$，并且 $p(B_n)=0$，那么从式(3) 推知 $p=1$. 因此，当且仅当 $p=q=1$ 时，条件概率 $p(A_n\mid B_n)$ 不存在. 我们计算其他情形.

当 $p=q<1$，由式(1)，(3)，(6) 得

$$p(A_n\mid B_n)=\frac{1-p}{1-p+np}=\frac{1-p}{1+(n-1)p} \tag{8}$$

而当 $p<q=1$ 时，可由式(1)，(4) 及(6) 求得

$$p(A_n\mid B_n)=1-p \tag{9}$$

当 $p\neq q<1$，应用式(1)，(5)，(6) 可将条件概率化为

$$p(A_n\mid B_n)=\frac{(1-p)^n(p-q)}{p(1-q)^n-q(1-p)^n}=\frac{(p-q)\left(\frac{1-p}{1-q}\right)^n}{p-q\left(\frac{1-p}{1-q}\right)^n} \tag{10}$$

附注 现在指出在研究的每种情况下条件概率的极限值 $g=$

$\lim\limits_{n\to\infty} p(A_n \mid B_n)$. 当 $p = q < 1$ 时,由式(8) 得 $g = 0$. 当 $p < q = 1$ 时,由式(9) 可得 $g = 1 - p = 1 - \frac{p}{1}$. 如果 $p < q < 1$,那么

$$1 - p > 1 - q, \lim_{n\to\infty}\left(\frac{1-p}{1-q}\right)^n = \infty$$

这就是说,对于条件概率(10),$g = \frac{p-q}{-q} = 1 - \frac{p}{q}$. 如果 $q < p \leqslant 1$,那么 $1 - p < 1 - q, \lim\limits_{n\to\infty}\left(\frac{1-p}{1-q}\right)^n = 0$,因而对条件概率(10),$g = 0$.

总之,在所有情形,$g = \max\left(0, 1 - \frac{p}{q}\right)$.

3 设 r 是自然数. 证明:二次三项式 $x^2 - rx - 1$ 不可能是任何系数绝对值小于 r 的整系数多项式 $p(x) \neq 0$ 的因子.

证法 1 设多项式

$$p(x) = c_0 + a_1 x + \cdots + a^n x^n$$

的系数是绝对值小于 r 的整数,$a^n \neq 0$,并设它能被多项式 $f(x) = x^2 - rx - 1$ 整除. 那么

$$p = f \cdot h \tag{1}$$

根据多项式除法,这里多项式 $h(x) = b_0 + b_1 x + \cdots + b_{n-2} x^{n-2}$ 也有整系数. 比较式(1) 两边同次幂的系数,得

$$a_0 = -b_0 \quad (2.0)$$

$$a_1 = -b_1 - rb_0 \quad (2.1)$$

$$a_2 = -b_2 - rb_1 + b_0 \quad (2.2)$$

$$\vdots$$

$$a_k = -b_k - rb_{k-1} + b_{k-2} (k = 2, 3, \cdots, n-2) \quad (2.k)$$

$$a_{n-2} = -b_{n-2} - rb_{n-3} + b_{n-4} \quad (2.n-2)$$

$$a_{n-1} = -rb_{n-2} + b_{n-3} \quad (2.n-1)$$

$$a_n = b_{n-2} \quad (2.n)$$

从最后一式可知 $b_{n-2} \neq 0$. 由等式 $2 \cdot n - 1$ 可知 $b_{n-3} \neq 0$,而且系数 b_{n-2}, b_{n-3} 同号(因为不然,$|a_{n-1}| = |-rb_{n-2} + b_{n-3}| = |-rb_{n-2}| + |b_{n-3}| \geqslant r|b_{n-2}| \geqslant r$,这与 $|a_{n-1}| < r$ 的假设矛盾). 类似地,由等式 $2 \cdot n - 2$ 可知 $b_{n-4} \neq 0$,而且系数 b_{n-3}, b_{n-4} 同号(不然的话,系数 a_{n-2} 的绝对值适合不等式 $|a_{n-2}| = |-b_{n-2} - rb_{n-3} + b_{n-4}| = |-b_{n-2}| + |-rb_{n-3}| + |b_{n-4}| \geqslant r|b_{n-3}| \geqslant r$,与 $|a_{n-2}| < r$ 的假设矛盾).

一般地,如果对于某个 $k \in \{2, 3, \cdots, n-2\}$,系数 b_k, b_{k-1} 同号,那么 $b_{k-2} \neq 0$,而且系数 b_{k-1}, b_k 也同号(因若不然,由等式

(2.k) 可推得不等式 $|a_k| = |b_k| + |rb_{k-1}| + |b_{k-2}| \geqslant r$,这与多项式 $p(x)$ 的系数绝对值小于 r 的假定矛盾).

应用归纳法可证明 $b_{n-2}, b_{n-3}, \cdots, b_1, b_0$ 不为零,而且同号. 但由等式(2.1) 得 $|a_1| = |-b_1 - rb_0| = |b_1| + |rb_0| \geqslant r$,与假设矛盾.

所得到的矛盾证明具有整系数 $|a_k| < r$ 的多项式 $p(x)$ 不存在.

证法 2 先证下列引理.

引理 如果 a 是多项式

$$f(x) = a_0 + a_1 x + \cdots + a_{n-1} x^{n-1} + a_n x^n$$

的根,这里 $a_n \neq 0$,那么

$$|a| \leqslant 1 + \max_{0 \leqslant i \leqslant n-1} \left| \frac{a_i}{a_n} \right|$$

引理证明 设 $M = \max\limits_{0 \leqslant i \leqslant n-1} \left| \dfrac{a_i}{a_n} \right|$. 如果 $|a| < 1$,那么引理的结论显然正确. 现在考察 $|a| > 1$ 的情形. 因为 a 是多项式 $f(x)$ 的根,所以

$$a_0 + a_1 a + \cdots + a_{n-1} a^{n-1} = -a_n a^n$$

由此得

$$|a|^n = \left| \frac{a_0}{a_n} + \frac{a_1}{a_n} a + \cdots + \frac{a_{n-1}}{a_n} a^{n-1} \right| \leqslant$$

$$M(1 + |a| + \cdots + |a|^{n-1}) =$$

$$M \frac{|a|^n - 1}{|a| - 1} < M \frac{|a|^n}{|a| - 1}$$

因此,$|a| - 1 < M$,$|a| < M + 1$.

现在解本题. 二次三项式 $x^2 - rx - 1$ 的一根等于 $x_1 = \frac{1}{2}(r + \sqrt{r^2 + 4})$. 因为 $\sqrt{r^2 + 4} > \sqrt{r^2} = r$,所以

$$x_1 > r \tag{1}$$

如果多项式

$$p(x) = p_0 + p_1 x + \cdots + p_n x^n (这里\ p_n \neq 0)$$

被 $x^2 - rx - 1$ 整除,那么 x_1 是多项式 $p(x)$ 的根. 根据上面证明的引理,x_1 满足不等式

$$x_1 \leqslant \max_{0 \leqslant i \leqslant n-1} \left| \frac{p_i}{p_n} \right| + 1 \tag{2}$$

因为 $|p_n| \geqslant 1$,$|p_i| \leqslant r - 1 (i = 0, 1, 2, \cdots, n - 1)$,所以

$$\max_{0 \leqslant i \leqslant n-1} \left| \frac{p_i}{p_n} \right| \max_{0 \leqslant i \leqslant n-1} |p_i| \leqslant r - 1$$

与不等式(2) 比较,可见 $x_1 \leqslant r$,但上面已证不等式(1):$x_1 > r$.

所得的矛盾表明,绝对值小于 r 的整系数非零多项式不能被二次三项式 $x^2 - rx - 1$ 整除.

附注 1 上面的解法实际上没有利用 $p(x)$ 有整系数的假定. 只需假定 $|p_n| \geqslant 1$, $|p_i| \leqslant r-1(i=0,1,\cdots,n-1)$.

附注 2 设 $H(f)$ 是多项式 f 的系数绝对值的最大值. 在一般情况下,对于整系数多项式 f,g,由 f 整除 g 推不出 $H(f) \leqslant H(g)$. 例如

$$(1-x+x^2)\cdot(1+2x+x^2)=1+x+x^3+x^4$$

4 证明:对于任何自然数 n 以及实数列 $a_1,a_2,\cdots,a_n$,存在自然数 k,满足下列不等式 $\left|\sum_{i=1}^{k}a_i-\sum_{i=k+1}^{n}a_i\right| \leqslant \max\limits_{1\leqslant i\leqslant n}|a_i|$.

证明 先证下列引理.

引理 如果 $\varepsilon \geqslant 0$,而实数 $s_1,s_2,\cdots,s_n$ 满足条件

$$|s_1| \leqslant \varepsilon,\ |s_{n+1}-s_n| \leqslant \varepsilon(i=1,2,\cdots,n-1) \tag{1}$$

那么存在自然数 $k \leqslant n$,适合

$$\left|s_k-\frac{1}{2}s_n\right| \leqslant \frac{1}{2}\varepsilon \tag{2}$$

引理证明 如 $\varepsilon=0$,则由不等式(1) 可知 $s_1=s_2=\cdots=s_n=0$,故结论正确. 现设 $\varepsilon>0$.

设 a,b 分别是数 $s_1,s_2,\cdots,s_n$ 中的最大数和最小数. 那么数 $s_1,s_2,\cdots,s_n$ 把闭区间 $[a,b]$ 分成一些长度不超过 ε 的小区间. 闭区间 $[a,b]$ 中任一数都与数 $s_1,s_2,\cdots,s_n$ 中某数之距离不大于 $\frac{1}{2}\varepsilon$. 特别,如果 $\frac{1}{2}s_n \in [a,b]$,那么条件(2) 满足. 现设 $\frac{1}{2}s_n \notin [a,b]$.

由数 a,b 的定义可知 $s_n \in [a,b]$. 如果 $0 \in [a,b]$,那么 $\frac{1}{2}s_n \in [a,b]$,这与假设矛盾.

因此设 $0 \notin [a,b]$. 于是诸数 $s_1,s_2,\cdots,s_n$ 同号. 因为把所有的数 $s_1,s_2,\cdots,s_n$ 变号后条件式(1),(2) 不变,所以可设数 $s_1,s_2,\cdots,s_n$ 是正数. 于是

$$0<a \leqslant s_n \leqslant b \tag{3}$$

$$0<a \leqslant s_1 \leqslant \varepsilon \tag{4}$$

因为 $\frac{1}{2}s_n \notin [a,b]$,所以由不等式(3) 推知 $0<\frac{1}{2}a \leqslant \frac{1}{2}s_n<a$. 应用不等式(4) 可将它改写为 $\left|a-\frac{1}{2}s_n\right|<\frac{1}{2}a \leqslant \frac{1}{2}\varepsilon$. 因为 a 是数 $s_1,s_2,\cdots,s_n$ 之一,故条件(2) 满足.

本题的结论可由刚证的引理直接推得:只需令

$$\varepsilon=\max_{1\leqslant i\leqslant n}|a_n|,s_i=a_1+a_2+\cdots+a_i(i=1,2,\cdots,n)$$

于是 $|s_1|=|a_1|\leqslant\varepsilon$, $|s_{i+1}-s_i|=|a_{i+1}|\leqslant\varepsilon(i=1,2,\cdots,n-1)$. 因此引理的条件满足. 由引理得知,对某个自然数 $k\leqslant n$,满足不等式 $|2s_k-s_n|\leqslant\varepsilon$,即

$$\left|\sum_{i=1}^{k}a_i-\sum_{i=k+1}^{n}a_i\right|\leqslant\max_{1\leqslant i\leqslant n}|a_i|$$

5 证明:如果自然数 n,r 满足不等式 $r+3\leqslant n$,那么二项系数

$$\binom{n}{r},\binom{n}{r+1},\binom{n}{r+2},\binom{n}{r+3}$$

不可能是一个算术数列的连续项.

证明 先证两个引理.

引理 1 对于已知自然数 n 存在不多于 2 个自然数 $k\leqslant n-3$,使二项系数 $\binom{n}{k},\binom{n}{k+1},\binom{n}{k+2}$ 组成算术数列.

引理 1 证明 如果数 $\binom{n}{k},\binom{n}{k+1},\binom{n}{k+2}$ 组成算术数列,那么

$$\binom{n}{k}+\binom{n}{k+2}=2\binom{n}{k+1}$$

两边乘以 $\frac{(k+2)!(n-k)!}{n!}$,得

$$(k+2)(k+1)+(n-k)(n-k-1)=2(k+2)(n-k)$$

这是关于 k 的二次方程,其解数不多于 2.

引理 2 对于已知自然数 n,存在不多于 1 个自然数 $k\leqslant n-1$,适合 $\binom{n}{k}=\binom{n}{k+1}$.

引理 2 证明 用 $\frac{(k+1)!(n-k)!}{n!}$ 乘等式 $\binom{n}{k}=\binom{n}{k+1}$ 的两边,得 $k+1=n-k$,这是 k 的一次方程. 因此在小于 n 的自然数的集中,其解不多于 1 个.

现解本题. 为简便计,引进下列记号:令 $a_j=\binom{n}{j}(j=1,2,\cdots,n)$. 设数

$$a_r,a_{r+1},a_{r+2},a_{r+3}$$

组成算术数列. 因为 $\binom{n}{k}=\binom{n}{n-k}$,或 $a_k=a_{n-k}$,所以数 a_{n-r-3}, $a_{n-r-2},a_{n-r-1},a_{n-r}$ 也组成算术数列.

因此,我们得到算术数列中的几段,它们都含有 3 项

$$a_r,a_{r+1},a_{r+2}$$

$$a_{r+1},a_{r+2},a_{r+3}$$

$$a_{n-r-3},a_{n-r-2},a_{n-r-1}$$

$$a_{n-r-2},a_{n-r-1},a_{n-r}$$

由引理 1 可知集$\{r,r+1,n-r-3,n-r-2\}$中不同的数不多于 2 个. 因为$r,r+1$及$n-r-3,n-r-2$都是连续整数,所以$r=n-r-3,r+1=n-r-2$. 因此,$a_{r+1}=a_{n-r-2}=a_{r+2}$,即算术数列(1) 中各项相等. 但由引理 2 知这不可能.

所得到的矛盾证明了二项系数(1) 不能组成算术数列.

附注 可以证明,如果对某些自然数n和r(这里$r\leqslant n-2$),二项系数$\binom{n}{r},\binom{n}{r+1},\binom{n}{r+2}$组成算术序列,那么存在自然数$m\geqslant 3$满足关系式

$$n=m^2-2,r=\frac{m^2-m}{2}-2\text{ 或 }r=\frac{m^2+m}{2}-2 \qquad (*)$$

反之,如果数n和r由式$(*)$给出,那么二项系数$\binom{n}{r},\binom{n}{r+1},\binom{n}{r+2}$组成算术数列.

例如,设$m=3$,得算术数列中连续三项$\binom{7}{1},\binom{7}{2},\binom{7}{3}$.

6 凸n边形被对角线分划分三角形,满足下列条件:

(1) 从每个顶点发出的对角线的条数都是偶数;

(2) 任两对角线除顶点外没有其他公共点.

证明:数n是 3 的倍数.

证法 1 先证明引理.

引理 如果平面图形F被直线分为r部分,那么这些部分可用两种颜色着色,使任何相邻两部分染有不同颜色.

引理证明 对r用数学归纳法. 当$r=1$,直线把平面分成两个半平面,所以引理显然成立. 图形F属于一个半平面的部分着一种颜色,属于另一个半平面的部分着另一种颜色.

设r是一自然数. 设用r条直线分划图形F时可按引理要求着色. 我们证明,用$r+1$条直线分划图形F时引理结论也成立. 作第$r+1$条直线,它把平面分成两个半平面. 图形F属于一个半平面的保留它们原先(即未作第$r+1$条直线之前) 的颜色那些部分,而属于另一个半平面的全部改变原先的颜色那些部分. 显然,这时引理的要求满足.

现解本题. 因为已知n边形被一些直线(对角线) 划分,因此按

刚证的引理,分划所得各部分可用两种颜色着色,使相邻两个三角形颜色不同.

因为按已知条件从已知 n 边形的每个顶点 A 所引的对角线条数是偶数,所以以点 A 为一个顶点的三角形的个数是奇数.相邻的三角形着有不同颜色,所以第一个和最后一个三角形着色相同.由此可知有一边与已知 n 边形的边相重合的三角形总是着色相同的.

n 边形的边数及所有对角线的条数之和等于着有这种颜色的三角形的边数之和,因此是 3 的倍数.同时,对角线的条数等于着有另一种颜色的三角形的边数,因此对角线的条数也是 3 的倍数.由此可知,n 边形的边数是两个 3 的倍数之差,所以也是 3 的倍数.

附注 如果在已知条件中用 k 边形($k>3$)代替三角形,那么与上面解法类似,可知 n 是 k 的倍数.

证法 2 先证明引理.

引理 如果在 n 边形 $A_1A_2\cdots A_n$ 中作若干条对角线,并且从每个顶点 $A_1,A_2,\cdots,A_{n-1}$ 引出的对角线条数都是偶数,那么从顶点 A_n 引出的对角线条数也是偶数.

引理证明 设从顶点 A_i 引出 k_i 条对角线,这里 $i=1,2,\cdots,n$.按已知条件,$k_1,\cdots,k_{n-1}$ 是偶数.因为每条对角线经过两个顶点,所以 $k_1+k_2+\cdots+k_n$ 是偶数.因此,这最后一项亦即 k_n 也是偶数.

现解本题.对 $n\geqslant 3$ 用数学归纳法.

当 $n=3$,问题中的结论正确.现设 n 是大于 3 的自然数,且设问题的结论对满足不等式 $3\leqslant r<n$ 的所有自然数 r 正确.因此,如果 r 边形的某些对角线把它划分为三角形,并且满足问题的条件 1 和 2,那么 r 是 3 的倍数.

设 P 是 n 边形的对角线的集,这些对角线把多边形分成三角形,并且满足问题的条件 1 和 2.设从已知 n 边形的每个顶点 A 至少引出 2 条属于集 P 的对角线.取两条经过顶点 A 并且属于集 P 的对角线 AB 与 AC,使 $\angle A_1AB$ 内部含有偶数条由顶点 A 引出的属于集 P 的对角线,而在 $\angle BAC$ 的内部没有任何一条点 A 发出而且属于集 P 的对角线(图 29).于是对角线 BC 属于集 P.

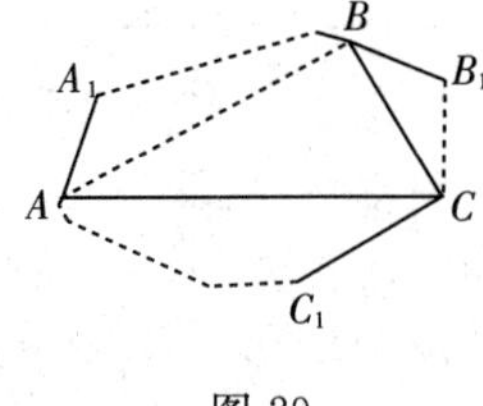

图 29

现在研究多边形 $AA_1\cdots B$.由它的每个顶点(点 B 可能例外)可以引偶数条属于集 P 的对角线.按已证明的引理,从顶点 B 引出的属于集 P 的对角线也是偶数条.

类似的推理可用于多边形 $BB_1\cdots C$ 及 $CC_1\cdots A$.因为多边形 $AA_1\cdots B,BB_1\cdots C$ 及 $CC_1\cdots A$ 的边数都小于 n,所以按归纳假设它们的边数都是 3 的倍数.因为这些多边形的边由已知多边形的各边及线段 AB,BC,CA 组成,所以这三个多边形的边数之和等于 $n+3$,因此 n 是 3 的倍数,这正是要证的.

第 26 届波兰数学竞赛题

1974～1975 年

1 已知实数列$\{a_k\}(k=1,2,\cdots)$具有下列性质：存在自然数n，满足

$$a_1+a_2+\cdots+a_n=0$$

及

$$a_{n+k}=a_k(k=1,2,\cdots)$$

证明：存在自然数N，使当$k=0,1,2,\cdots$时满足不等式

$$\sum_{i=N}^{N+k}a_i\geqslant 0$$

证明 设$s_j=a_1+a_2+\cdots+a_j$，这里$j=1,2,\cdots,n$. 按已知条件，序列$\{a_k\}$的前pn项（p是任意自然数）之和等于零，因此$s_{j+n}=s_j(j=1,2,\cdots)$. 这表明，数列$\{s_n\}$的各项中只有有限个不同值. 设$s_m$是$s_1,s_2,\cdots$中的最小数. 我们证明，可取$m+1$作为题中的数$N$. 事实上，对任何$k\geqslant 0$

$$\sum_{i=m+1}^{m+1+k}a_i=\sum_{i=1}^{m+1+k}a_i-\sum_{i=1}^{m}a_i=s_{m+1+k}-s_m\geqslant 0$$

2 在棱长为1的正四面体的表面上选取一个由若干条线段组成的有限集，使得四面体的任两顶点都可以用由这个集中的一些线段组成的折线来联结. 能否选取满足上述要求的线段的集，使其中所有线段的总长度小于$1+\sqrt{3}$？

解 可以在棱长为1的正四面体表面上选取线段的有限集，使四面体的任两项点可用由这个集合中的总长度小于$1+\sqrt{3}$的一些线段组成的折线联结.

我们研究将已知四面体的两个面铺平后产生的菱形$ABDC$（图 30）. 那么$AB=1$，$\angle BAC=60^\circ$. 设点P是线段BC的中点，点Q是$\triangle ABP$中的一点，它对于边AP和BP的视角等于120°. $\angle AQB$也等于120°. 设$x=AQ$，$y=BQ$，$z=PQ$. 因为$AP=\frac{\sqrt{3}}{2}$，$BP=\frac{1}{2}$，$\angle APB=90^\circ$，而$\triangle ABP$的面积等于$\triangle AQB$，$\triangle BQP$，$\triangle PQA$面积之和，所以得到$\frac{1}{2}\times\frac{1}{2}\times\frac{\sqrt{3}}{2}=\frac{1}{2}(xy+yz+$

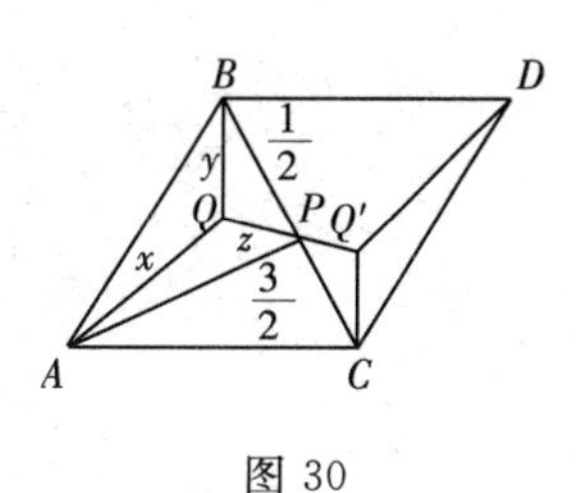

图 30

$zx)\times\sin 120°$,或

$$xy+yz+zx=\frac{1}{2} \tag{1}$$

因为$\cos 120°=-\frac{1}{2}$,对$\triangle AQB$,$\triangle BQP$,$\triangle AQP$用余弦定理得

$$x^2+y^2+xy=1 \tag{2}$$

$$y^2+z^2+yz=\frac{1}{4} \tag{3}$$

$$z^2+x^2+zx=\frac{3}{4} \tag{4}$$

式(1)两边乘3,然后与式(2),(3),(4)相加,得

$$2(x+y+z)^2=\frac{7}{2}$$

故得

$$x+y+z=\frac{\sqrt{7}}{2}$$

如果点Q'与点Q关于点P对称,那么线段AQ,BQ,QP,PQ',CQ',DQ'组成的集就具有题中要求的性质,而且它们长度之和是$\sqrt{7}$,小于$1+\sqrt{3}$.

3 求最小正数α,使得存在数β,当$0\leqslant x\leqslant 1$时,不等式

$$\sqrt{1+x}+\sqrt{1-x}\leqslant 2-\frac{x^{\alpha}}{\beta}$$

成立.

对求得的α值,确定满足这个不等式的最小正数β.

解 对任何$x\in[0,1]$有恒等式

$$(\sqrt{1+x}+\sqrt{1-x}-2)(\sqrt{1+x}+\sqrt{1-x}+2)\cdot(\sqrt{1-x^2}+1)=-2x^2$$

成立.因为在闭区间$[0,1]$上

$$0<\sqrt{1+x}+\sqrt{1-x}+2\leqslant\sqrt{1+x+\frac{x^2}{4}}+\sqrt{1-x+\frac{x^2}{4}}+2=\left(1+\frac{x}{2}\right)+\left(1-\frac{x}{2}\right)+2=4$$

$$0\leqslant\sqrt{1-x^2}\leqslant 1$$

所以在$[0,1]$上函数$h(x)=\frac{1}{2}(\sqrt{1+x}+\sqrt{1-x}+2)\cdot(\sqrt{1-x^2}+1)$满足不等式$0<h(x)\leqslant 4$.因此,对于$x\in[0,1]$

有下列不等式成立

$$\sqrt{1+x}+\sqrt{1-x}-2=\frac{-x^2}{h(x)}\leqslant -\frac{x^2}{4}$$

如果对于某个适合不等式 $0<\alpha<2$ 的数 α 及数 $\beta>0$，下列与上式类似的不等式成立

$$\sqrt{1+x}+\sqrt{1-x}-2\leqslant -\frac{x^2}{\beta}(x\in[0,1]) \quad (1)$$

亦即

$$-\frac{x^2}{h(x)}\leqslant -\frac{x^\alpha}{\beta}$$

那么

$$x^{2-\alpha}\geqslant \frac{h(x)}{\beta} \quad (x\in[0,1])$$

令 $x\to 0$，得 $0\geqslant \frac{h(0)}{\beta}$，但 $h(0)=4$.

所得到的矛盾表明 $\alpha=2$ 是满足条件(1) 的最小数. 使不等式

$$\sqrt{1+x}+\sqrt{1-x}-2\leqslant -\frac{x^2}{\beta}(x\in[0,1]) \quad (2)$$

或即

$$-\frac{x^2}{h(x)}\leqslant -\frac{x^2}{\beta}$$

成立的最小的 β，等于满足不等式 $h(x)\leqslant\beta(x\in[0,1])$ 的最小的 β. 因此

$$\beta=\max_{0\leqslant x\leqslant 1}h(x)$$

现在计算这个最大值，由不等式 $2ab\leqslant a^2+b^2$ 可知，对任何非负实数 u,v 有不等式

$$\sqrt{u}+\sqrt{v}\leqslant\sqrt{2(u+v)} \quad (3)$$

成立. 事实上，$(\sqrt{u}+\sqrt{v})^2=u+v+2\sqrt{u}\sqrt{v}\leqslant u+v+(\sqrt{u})^2+(\sqrt{v})^2=2(u+v)$.

在不等式(3) 中令 $u=1+x,v=1-x$，得

$$\sqrt{1+x}+\sqrt{1-x}\leqslant 2$$

于是，再次得到前面已得到的不等式；当 $x\in[0,1]$ 时

$$h(x)=\frac{1}{2}(\sqrt{1+x}+\sqrt{1-x}+2)(\sqrt{1-x^2}+1)\leqslant$$
$$2(\sqrt{1-x^2}+1)\leqslant 4$$

另一方面，上面已指出 $h(0)=4$. 因此函数 $h(x)$ 在$[0,1]$上的最大值等于4，因而满足条件(2) 的最小正数 β 等于 4.

4 在一个自然数的十进制表示法中出现数字 1,3,7 和 9. 证明:交换数字后,可以得到一个能被 7 整除的十进制数.

证明 将已知数的数字适当交换后,我们可设它的后 4 位数字是 1,3,7 和 9. 因此题设条件中的自然数 n 可表示为数 1 379 与最后 4 位数字是 0 的某个非负整数 a 之和. 现在证明,适当交换数 n 的后 4 位数字后所得到的数 n' 能被 7 整除.

$$1\,379,1\,793,3\,719,1\,739,1\,397,1\,937,1\,973 \tag{1}$$

分别除以 7 余 0,1,2,3,4,5,6. 因此,如果数 a 除以 7 余 r,那么将数 a 与式(1) 中除以 7 余 $7-r$ 的数相加得到数 n',即被 7 整除,并且 n' 可以由交换数 n 的数字得到.

5 证明:当且仅当

$$\frac{2R}{r} \geqslant \frac{1}{\sin\frac{\alpha}{2}\left(1-\sin\frac{\alpha}{2}\right)}$$

时,半径为 R 和 r 的圆可以分别外接和内切于一个有一内角为 α 的三角形.

证明 设中心在 O、半径为 r 的圆 K 与角 α(顶点为 A) 的两边切于点 P,Q,直线 m 平行于 AQ(但不与 AO 重合) 并与圆 K 相切,设 m 与直线 AP 的交点是 B_0,用 t 表示直线 AP 上以 B_0 为起点并且不经过点 A 的射线(图 31). 如果角 B 在射线 t 上,那么由点 B 作圆 K 的切线,可得以圆 K 为内切圆的 $\triangle ABC$. 注意 $\angle BAC=\alpha$. 设 $\angle ABC=\beta$,在 $\triangle ABC$ 中,β 可以取 0 到 $\pi-\alpha$ 间的任何值.

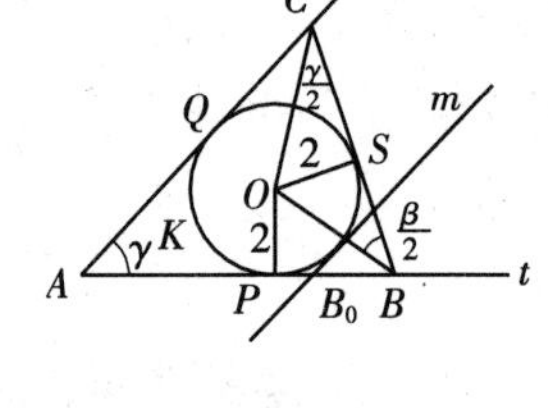

图 31

设 R 是 $\triangle ABC$ 的外接圆半径. 按正弦定理由 $\triangle ABC$ 得

$$\frac{BC}{\sin\alpha}=2R$$

另外

$$BC=BS+SC=r\cot\frac{\beta}{2}+r\cot\frac{\gamma}{2}=$$

$$r\left(\frac{\cos\frac{\beta}{2}}{\sin\frac{\beta}{2}}+\frac{\cos\frac{\gamma}{2}}{\sin\frac{\gamma}{2}}\right)=r\frac{\sin\frac{\beta+\gamma}{2}}{\sin\frac{\beta}{2}\sin\frac{\gamma}{2}}=$$

$$r\frac{\cos\frac{\alpha}{2}}{\frac{1}{2}\left(\cos\frac{\beta-\gamma}{2}-\cos\frac{\beta+\gamma}{2}\right)}=$$

$$\frac{2r\cos\frac{\alpha}{2}}{\cos\frac{\beta-\gamma}{2}-\sin\frac{\alpha}{2}} \tag{1}$$

因为对任何 x, $\cos x \leqslant 1$, 所以由式(1)得

$$\frac{2R}{r}=\frac{BC}{2r\sin\frac{\alpha}{2}\cos\frac{\alpha}{2}}=\frac{1}{\sin\frac{\alpha}{2}\left(\cos\frac{\beta-\gamma}{2}-\sin\frac{\alpha}{2}\right)}\geqslant$$

$$\frac{1}{\sin\frac{\alpha}{2}\left(1-\sin\frac{\alpha}{2}\right)}$$

因为 $\gamma=\pi-\alpha-\beta$, 所以 $\frac{2R}{r}=f(\beta)$, 这里

$$f(\beta)=\frac{1}{\sin\frac{\alpha}{2}\left(\cos\left(\beta+\frac{\alpha-\pi}{2}\right)-\sin\frac{\alpha}{2}\right)}$$

反之, 我们证明任何大于或等于

$$a=\frac{1}{\sin\frac{\alpha}{2}\left(1-\sin\frac{\alpha}{2}\right)}$$

的数, 一定等于函数 $f(\beta)$ 当某个 $\beta\in(0,\pi-\alpha)$ 时的值. 这意味着对任何数 $a'\geqslant a$ 存在角 $\beta\in(0,\pi-\alpha)$, 因而存在 $\triangle ABC$ 满足关系式 $\frac{2R}{r}=a'$.

事实上

$$f\left(\frac{\pi-\alpha}{2}\right)=\frac{1}{\sin\frac{\alpha}{2}\left(\cos 0^\circ-\sin\frac{\alpha}{2}\right)}=a$$

$$\lim_{\beta\to 0}\cos\left(\beta+\frac{\alpha-\pi}{2}\right)=\cos\left(\frac{\alpha}{2}-\frac{\pi}{2}\right)=\sin\frac{\alpha}{2}$$

因此

$$\lim_{\substack{\beta\to 0\\ \beta>0}} f(\beta)=\infty$$

函数 $f(\beta)$ 在任何闭区间 $[p,q]\subset(0,\pi-\alpha)$ 上连续. 而任何闭区间上的连续函数取它的区间两端点上值之间的一切值. 考察闭区间 $\left[\varepsilon,\frac{\pi-\alpha}{2}\right]$ $\left(这里\ o<\varepsilon<\frac{\pi-\alpha}{2}\right)$, 可知函数 $f(\beta)$ 在区间 $(0,\pi-\alpha)$ 上取 a 与 ∞ 间的一切值.

6 在闭区间 $0\leqslant x\leqslant 1$ 上定义函数 $S(x)=1-x$, $T(x)=\frac{1}{2}x$. 是否存在形如

$$f=g_1\circ g_2\circ\cdots\circ g_n$$

的函数 f, 满足

$$f\left(\frac{1}{2}\right)=\frac{1\,975}{2^{1\,975}}?$$

这里 n 是某个自然数, "因子" $g_k(k=1,2,\cdots,n)$ 或是等于 $S(x)$, 或是等于 $T(x)$.

解 先证下列定理：

定理 设 m 是奇数，n 是 2 的幂，属于区间 $(0,1)$ 的任何有理数 $\frac{m}{n}$ 等于 $f\left(\frac{1}{2}\right)$，这里是某个形如

$$f=g_1\circ g_2\circ\cdots\circ g_k \tag{1}$$

的函数.

定理证明 对于数 $m+n$ 用数学归纳法. 由数 m,n 的定义可知 $m+n\geqslant 3$. 如果 $m+n=3$，那么 $m=1,n=2$，于是 $S\left(\frac{1}{2}\right)=\frac{1}{2}$. 因此只需取 $f=S$.

现设 $m+n>3$，并设对任何两个自然数 m',n'(其中 m' 为奇数，n' 是 2 的幂，$0<\frac{m'}{n'}<1$，且 $m'+n'<m+n$) 存在式(1) 形的函数 f' 适合 $f'\left(\frac{1}{2}\right)=\frac{m'}{n'}$.

如果 $\frac{m}{n}<\frac{1}{2}$，那么 $\dfrac{m}{\frac{n}{2}}<1$，而数 $\frac{1}{2}n$ 是 2 的幂. 将归纳假设应用于数 $m'=m,n'=\frac{1}{2}n$，可知存在(1) 形的函数 f' 适合 $f'\left(\frac{1}{2}\right)=\frac{m'}{n'}$. 于是只需取 $f=T\circ f'$. 事实上

$$(T\circ f')\left(\frac{1}{2}\right)=T\left(f'\left(\frac{1}{2}\right)\right)=T\left(\frac{m'}{n'}\right)=\frac{1}{2}\frac{m'}{n'}=\frac{m}{n}$$

如果 $\frac{1}{2}<\frac{m}{n}<1$，那么 $0<1-\frac{m}{n}<\frac{1}{2}$，但 $1-\frac{m}{n}=\frac{n-m}{m}$，而且数 $n-m$ 是奇数，n 是 2 的幂. 另外，因为 $\frac{m}{n}>\frac{1}{2}$，所以 $n-m+n<m+n$. 将归纳假设应用于数 $m'=n-m,n'=n$，可知存在(1) 形的函数 f'，它在 $x=\frac{1}{2}$ 时的值等于 $\frac{n-m}{n}$：$f'\left(\frac{1}{2}\right)=\frac{n-m}{n}$. 因为

$$(S\circ f')\left(\frac{1}{2}\right)=S\left(f'\left(\frac{1}{2}\right)\right)=S\left(\frac{n-m}{n}\right)=1-\frac{n-m}{n}=\frac{m}{n}$$

所以只需取 $S\circ f'$ 作为函数 f.

总之，按归纳法原理，命题对任何有理数 $\frac{m}{n}$(m 为奇数，n 为 2 的幂) 成立.

特别，将上述论证应用于数 $\frac{1\,975}{2^{1\,975}}$，得 $f\left(\frac{1}{2}\right)=\frac{1\,975}{2^{1\,975}}$，这里 $f=T^{1\,964}\circ S\circ T^4\circ S\circ T\circ S\circ T^2\circ S\circ T\circ S\circ T^2$，$T^k$ 表示函数 T 的 k 重迭加(复合).

第 27 届波兰数学竞赛题

1975～1976 年

❶ 下列的数是否是有理数

$$\sin\frac{\pi}{18}\sin\frac{3\pi}{18}\sin\frac{5\pi}{18}\sin\frac{7\pi}{18}\sin\frac{9\pi}{18}$$

解 应用倍角正弦公式得

$$\sin\frac{8\pi}{18}=2\sin\frac{4\pi}{18}\cos\frac{4\pi}{18}=4\sin\frac{2\pi}{18}\cos\frac{2\pi}{18}\cos\frac{4\pi}{18}=$$

$$8\sin\frac{\pi}{18}\cos\frac{\pi}{18}\cos\frac{2\pi}{18}\cos\frac{4\pi}{18}$$

应用公式 $\cos\alpha=\sin\left(\frac{\pi}{2}-\alpha\right)$，得

$$\sin\frac{8\pi}{18}=8\sin\frac{\pi}{18}\sin\frac{8\pi}{18}\sin\frac{7\pi}{18}\sin\frac{5\pi}{18}$$

因此

$$\sin\frac{\pi}{18}\sin\frac{5\pi}{18}\sin\frac{7\pi}{18}=\frac{1}{8} \tag{1}$$

但 $\sin\frac{3\pi}{18}=\sin\frac{\pi}{6}=\frac{1}{2}$，$\sin\frac{9\pi}{18}=\sin\frac{\pi}{2}=1$，所以由恒等式 (1) 得

$$\sin\frac{\pi}{18}\sin\frac{3\pi}{18}\sin\frac{5\pi}{18}\sin\frac{7\pi}{18}\sin\frac{9\pi}{19}=\frac{1}{16}$$

因此，题中的数是有理数.

❷ 已知四个实数列 $\{a_n\}$，$\{b_n\}$，$\{c_n\}$，$\{d_n\}$，对任何 n，下列关系成立

$$a_{n+1}=a_n+b_n, b_{n+1}=b_n+c_n$$
$$c_{n+1}=c_n+d_n, d_{n+1}=d_n+a_n$$

证明：如果对某个 $k\geqslant 1$，$m\geqslant 1$ 适合关系式

$$a_{k+m}=a_m, b_{k+m}=b_m, c_{k+m}=c_m, d_{k+m}=d_m$$

那么 $a_2=b_2=c_2=d_2=0$.

证法 1 由已知条件可见，从某项起，序列 $\{a_n\}$，$\{b_n\}$，$\{c_n\}$，$\{d_n\}$ 是周期的，因此序列 $A_n=a_n+b_n+c_n+d_n$，$B_n=a_n^2+b_n^2+c_n^2+d_n^2$ 从某项开始也是周期的. 另外

$$A_{n+1}=a_{n+1}+b_{n+1}+c_{n+1}+d_{n+1}=$$
$$(a_n+b_n)+(b_n+c_n)+(c_n+d_n)+(d_n+a_n)=$$
$$2(a_n+b_n+c_n+d_n)=2A_n$$

由此式不难推出对任何 $n\geqslant 0, A_{n+1}=2^nA_1$.

因为几何序列 $\{2^n\}$ 无限增长,而序列 $\{A_n\}$ 从某项开始是周期的,所以 $A_1=0$,因而对任何自然数 $n, A_n=0$.

易见 $a_{n+1}+c_{n+1}=(a_n+b_n)+(c_n+d_n)=A_n=0$,所以对于 $n=1,2,\cdots$

$$B_{n+2}=a_{n+2}^2+b_{n+2}^2+c_{n+2}^2+d_{n+2}^2=$$
$$(a_{n+1}+b_{n+1})^2+(b_{n+1}+c_{n+1})^2+$$
$$(c_{n+2}+d_{n+1})^2+(d_{n+1}+a_{n+1})^2=$$
$$2(a_{n+1}^2+b_{n+1}^2+c_{n+1}^2+d_{n+1}^2)+$$
$$2(a_{n+1}+c_{n+1})(b_{n+1}+d_{n+1})=$$
$$2(a_{n+1}^2+b_{n+1}^2+c_{n+1}^2+d_{n+1}^2)=2B_{n+1}$$

因此对于 $n\geqslant 1, B_{n+2}=2^nB_2$.

与对序列 $\{A_n\}$ 的研究类似,由序列 $\{B_n\}$ 的周期性可知 $B_2=0$,或 $a_2^2+b_2^2+c_2^2+d_2^2=0$. 因为 a_2,b_2,c_2,d_2 是实数,故由此式得 $a_2=b_2=c_2=d_2=0$.

证法 2 考察多项式序列 $F_n(x)$,这里

$$F_n(x)=a_n+b_nx+c_nx^2+d_nx^3 \tag{1}$$

因为由已知条件可知序列 $\{a_n\},\{b_n\},\{c_n\},\{d_n\}$ 从某项开始是周期的,所以序列 $\{F_n(x)\}$ 从某个 n 起也是周期的. 另外,多项式 F_n 满足递推式

$$F_{n+1}(x)=a_{n+1}+b_{n+1}x+c_{n+1}x^2+d_{n+1}x^3=$$
$$(a_n+b_n)+(b_n+c_n)x+(c_n+d_n)x^2+(d_n+a_n)x^3=$$
$$(a_n+b_nx+c_nx^2+d_nx^3)+(b_n+c_nx+d_nx^2+a_nx^3)=$$
$$F_n(x)+\frac{1}{x}F_n(x)=\frac{1}{x}(x^4-1)a_n \tag{2}$$

令 $x=-1$ 得 $F_{n+1}(-1)=0$,令 $x=1,i,-i$,分别得

$$F_{n+1}(1)=2F_n(1)\quad F_{n+1}(i)=(1-i)F_n(i)$$
$$F_{n+1}(-i)=(1+i)F_n(-i)$$

由此可知,对于 $n=1,2,\cdots$ 有

$$F_n(1)=2^{n-1}F(1)\quad F_n(i)=(1-i)^{n-1}F_1(i)$$
$$F_n(-i)=(1+i)^{n-1}F_1(i)$$

因为从某个 n 起,数列 $\{F_n(1)\},\{F_n(i)\},\{F_n(-i)\}$ 都是周期的,而几何序列 $\{2^{n-1}\},\{|1-i|^{n-1}\},\{|1+i|^{n-1}\}$ 无限增长,故由式(2)推得 $F_1(1)=F_1(i)=F_1(-i)=0$. 于是根据式(2)可知对任何自然数 $n, F_n(1)=F_n(i)=F_n(-i)=0$.

特别,$F_2(-1)=F_2(1)=F_2(i)=F_2(-i)=0$,或

$$a_2 - b_2 + c_2 - d_2 = 0$$
$$a_2 + b_2 + c_2 + d_2 = 0$$
$$a_2 + ib_2 - c_2 - id_2 = 0$$
$$a_2 - ib_2 - c_2 - id_2 = 0$$

将这四式相加，得 $a_2 = 0$. 前两式相加，得 $c_2 = 0$. 最后，由其中第二、三式得 $b_2 = d_2 = 0$.

附注 1 由题设条件及上面的解法可知 $a_n = b_n = c_n = d_n = 0(n \geqslant 2)$，但数 a_1, b_1, c_1, d_1 可以不为零. 事实上，只需取 $a_1 = c_1 = t, b_1 = d_1 = -t$，($t$ 是任意实数)，那么问题条件满足.

附注 2 问题可以推广. 考察 m 个满足下列条件的周期数列 $\{a_n^{(k)}\}(k = 1, 2, \cdots, m)$

$$a_{n+1}^{(1)} = a_n^{(1)} + a_n^{(2)}, a_{n+1}^{(2)} = a_n^{(2)} + a_n^{(3)}, \cdots$$
$$a_{n+1}^{(m-1)} = a_n^{(m-1)} + a_n^{(m)}, a_{n+1}^{(m)} = a_n^{(m)} + a_n^{(1)}$$

如果 m 不是 3 的倍数，那么与上面解法类似，可证：

1) 当 m 为奇数时，序列 $\{a_n^{(k)}\}$ 的首项为 0；

2) 当 m 为偶数时，序列 $\{a_n^{(k)}\}$ 的第二项为 0.

当 m 为 3 的倍数，情况完全不同：此时存在由非零项组成的序列 $\{a_n^{(k)}\}$ 满足上述条件.

例如，设 $m = 3$. 考察 3 个周期序列 $\{a_n\}, \{b_n\}, \{c_n\}$ 如下（周期等于 6）

$$a_{n+1} = a_n + b_n \quad b_{n+1} = b_n + c_n \quad c_{n+1} = c_n + a_n \tag{3}$$

设 n 和 v 为任意实数. 将序列 $\{a_n\}, \{b_n\}, \{c_n\}$ 的前 6 项排成表 1：

表 1

a_n	u	v	$v-u$	$-u$	v	$u-v$
b_n	$v-u$	$-u$	$-v$	$u-v$	u	v
c_n	$-v$	$u-v$	u	v	$v-u$	$-u$

易见条件(3)满足. 给参数 u, v 以适当值（例如 $u = 1, v = 2$），可得全部项不为零的序列.

3 证明：对于任何四面体，它的三组对棱之积可作为某个三角形的三边长.

证明 设 $ABCD$ 是已知四面体. 在射线 AB, AC, AD 上取点 B', C', D' 满足（图 32）

$$\begin{cases} AB' = AC \cdot AD \\ AC' = AB \cdot AD \\ AD' = AB \cdot AC \end{cases} \tag{1}$$

我们证明 $\triangle B'C'D'$ 满足问题要求.

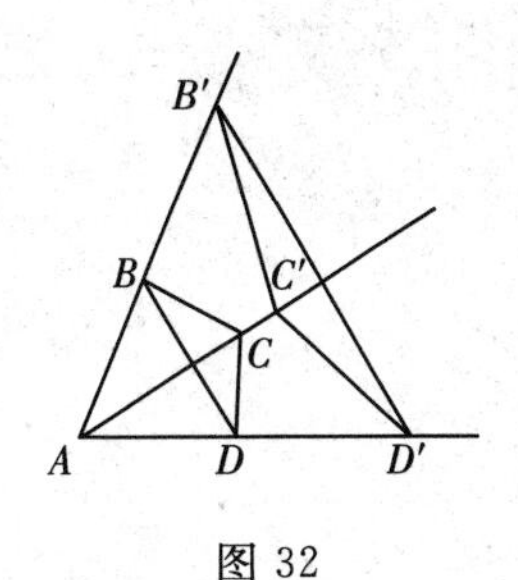

图 32

首先,由式(1)可知

$$\frac{AB'}{AC'}=\frac{AC}{AB}$$

又因为 $\triangle ABC$ 和 $\triangle AC'B'$ 有公共角 BAC,所以它们相似.于是它们对应边成比例

$$\frac{BC}{C'B'}=\frac{AB}{AC'} \tag{2}$$

应用式(1),由式(2)得

$$B'C'=\frac{BC}{AB}\cdot AC'=BC\cdot AD$$

此式表明 $\triangle B'C'D'$ 的边 $B'C'$ 等于四面体 $ABCD$ 的一组对棱 BC 与 AD 之积.

研究相似 $\triangle ACD$ 和 $\triangle AD'C'$,$\triangle ABD$ 和 $\triangle AD'B'$,分别得 $C'D'=CD\cdot AB$,$B'D'=BD\cdot AC$.因此,$\triangle B'C'D'$ 符合题意.

附注 当四面体 $ABCD$ 退化为平面四边形 $ABCD$ 时(点 B',C',D' 可能在一直线上),上述解法仍然有效.应用这个结果,可以证明任何平面四边形两对角线之积不超过两组对边之积的和.这个命题的详细证明留作读者练习.

4 某个平面四边形,各边之长顺序为 a,b,c,d,其对角线互相垂直.证明:任何其他的四边形,若其各边之长顺次为 a,b,c,d,则其对角线也互相垂直.

证明 设 $ABCD$ 和 $A'B'C'D'$ 是边长依次为 a,b,c,d 的平面四边形,即设

$$\boldsymbol{a}=\overrightarrow{AB},\boldsymbol{b}=\overrightarrow{BC},\boldsymbol{c}=\overrightarrow{CD},\boldsymbol{d}=\overrightarrow{DA}$$
$$\boldsymbol{a}'=\overrightarrow{A'B'},\boldsymbol{b}'=\overrightarrow{B'C'},\boldsymbol{c}'=\overrightarrow{C'D'},\boldsymbol{d}'=\overrightarrow{D'A'}$$

以及

$$\boldsymbol{a}^2=\boldsymbol{a}'^2=a^2,\boldsymbol{b}^2=\boldsymbol{b}'^2=b^2$$
$$\boldsymbol{c}^2=\boldsymbol{c}'^2=c^2,\boldsymbol{d}^2=\boldsymbol{d}'^2=d^2$$

另外

$$\boldsymbol{a}+\boldsymbol{b}+\boldsymbol{c}+\boldsymbol{d}=0,\boldsymbol{a}'+\boldsymbol{b}'+\boldsymbol{c}'+\boldsymbol{d}'=0$$

利用这些关系式计算 $\boldsymbol{d}^2$

$$\begin{aligned}d^2=\boldsymbol{d}^2=(-\boldsymbol{d})^2=(\boldsymbol{a}+\boldsymbol{b}+\boldsymbol{c})^2=\\2\boldsymbol{ab}+2\boldsymbol{ac}+2\boldsymbol{bc}+\boldsymbol{a}^2+\boldsymbol{b}^2+\boldsymbol{c}^2=\\\boldsymbol{a}^2-\boldsymbol{b}^2+\boldsymbol{c}^2+2(\boldsymbol{a}+\boldsymbol{b})(\boldsymbol{b}+\boldsymbol{c})=\\a^2-b^2+c^2+2(\boldsymbol{a}+\boldsymbol{b})(\boldsymbol{b}+\boldsymbol{c})\end{aligned}$$

由此得

$$(\boldsymbol{a}+\boldsymbol{b})(\boldsymbol{b}+\boldsymbol{c})=\frac{1}{2}(b^2+d^2-a^2-c^2) \tag{1}$$

类似地可证

$$(\boldsymbol{a}'+\boldsymbol{b}')(\boldsymbol{b}'+\boldsymbol{c}')=\frac{1}{2}(b^2+d^2-a^2-c^2) \qquad (2)$$

向量 $\boldsymbol{a}+\boldsymbol{b}=\overrightarrow{AB}+\overrightarrow{BC}=\overrightarrow{AC}$ 及 $\boldsymbol{b}+\boldsymbol{c}=\overrightarrow{BC}+\overrightarrow{CD}=\overrightarrow{BD}$ 是四边形 $ABCD$ 的对角线，而向量 $\boldsymbol{a}'+\boldsymbol{b}'=\overrightarrow{A'B'}+\overrightarrow{B'C'}=\overrightarrow{A'C'}$ 及 $\boldsymbol{b}'+\boldsymbol{c}'=\overrightarrow{B'C'}+\overrightarrow{C'D'}=\overrightarrow{B'D'}$ 是四边形 $A'B'C'D'$ 的对角线. 因此由式(1),(2) 可知，四边形 $ABCD$ 的对角线向量的标量积等于四边形 $A'B'C'D'$ 的对角线向量的标量积. 因为当且仅当两向量垂直时其标量积为零，故得结论.

附注 上面的解法没有用到点 A,B,C,D 及点 A',B',C',D' 在同一平面上的假定.

5 某艘渔船未经外国允许在该国领海上捕鱼，每撒一次网将使该国的捕鱼量蒙受一个价值固定并且相同的损失. 在每次撒网期间渔船被外国海岸巡逻队拘留的概率等于 $\frac{1}{k}$，这里 k 是某个固定的自然数. 假定在每次撒网期间由渔船被拘留或不被拘留所组成的事件是与其前的捕鱼过程无关的. 若渔船被外国海岸巡逻队拘留，则原先捕获的鱼全部没收，并且今后不能再来捕鱼. 船长打算捕完第 n 网后离开外国领海. 因为绝不能排除渔船被外国海岸巡逻队拘留的可能性，所以捕鱼所得收益是一个随机变量. 求数 n，使捕鱼收益的期望值达到最大.

解 渔船第一次撒网时没被拘留的概率等于 $1-\frac{1}{k}$. 因为每次撒网期间被拘留或未被拘留的事件是独立的，所以撒了 n 次网而未被拘留的概率等于 $\left(1-\frac{1}{k}\right)^n$. 因此，撒 n 次网收益期望值等于

$$f(n)=wn\left(1-\frac{1}{k}\right)^n \qquad (1)$$

这里 w 是撒一次网的收益.

问题归结为确定使 $f(n)$ 达到最大值的自然数 n.

由函数 $f(n)$ 的明显表达式(1) 可知

$$f(n+1)=w(n+1)\left(1-\frac{1}{k}\right)^{n+1}=$$

$$wn\left(1-\frac{1}{k}\right)^n\cdot\left(1-\frac{1}{k}\right)\left(\frac{n+1}{n}\right)=$$

$$f(n)\left(1-\frac{1}{k}\right)\left(1+\frac{1}{n}\right)=$$

$$f(n)\left(1+\frac{(k-1)-n}{kn}\right)$$

因为不等式 $1+\frac{(k-1)-n}{kn}\geqslant 1$ 等价于不等式 $(k-1)-n\geqslant 0$，或 $n\leqslant k-1$，因此

$$f(n+1)>f(n)\quad(当\ n=1,2,\cdots,k-2)$$

$$f(n+1)=f(n)\quad(当\ n=k-1)$$

$$f(n+1)<f(n)\quad(当\ n=k,k+1,\cdots)$$

因此，当 $n=k-1$ 及 $n=k$ 时，f 达到最大值.

6 在全体自然数的集上定义的递增函数 f 具有这样的性质：对于任一对自然(k,l)

$$f(k\cdot l)=f(k)+f(l)$$

证明：存在实数 $p>1$，使当 $n=1,2,3,\cdots$ 时

$$f_n=\log_p n$$

证明　利用公式 $f(kl)=f(k)+f(l)$ 不难证明对任何自然数 m 和 s

$$f(m^s)=sf(m)\tag{1}$$

由式(1)特别可知 $f(1)=f(1^2)=2f(1)$，或 $f(1)=0$，又因为 f 是递增函数，所以 $f(2)>f(1)=0$.

设数 p 适合关系式 $\log_p 2=f(2)$，亦即 $p^{f(2)}=2$，或 $p=\sqrt[f(2)]{2}$. 因此 $p>1$.

对于任何自然数 $n\geqslant 2$ 存在自然数 r 适合

$$2^r\leqslant n<2^{r+1}\tag{2}$$

对不等式(2)两边取以 p 为底的对数，得

$$r\log_p 2\leqslant \log_p n\leqslant (r+1)\log_p 2$$

或者

$$rf(2)\leqslant \log_p n\leqslant rf(2)+f(2)\tag{3}$$

因为 f 是递增函数，故由不等式(2)得

$$f(2^r)\leqslant f(n)<f(2^{r+1})$$

应用(1)式将它化为

$$rf(2)\leqslant f(n)<(r+1)f(2)=rf(2)+f(2)\tag{4}$$

不等式(3)和(4)表明数 $\log_p n$ 与 $f(n)$ 属于同一个长度为 $f(2)$ 的区间，因此对任何自然数 n

$$-f(2)<f(n)-\log_p n<f(2)\tag{5}$$

特别，在式(5)中用 n^k 代 n（这里 $n\geqslant 2$，k 是任意自然数），并应用式(1)，可得

$$-f(2)<kf(n)-k\log_p n<f(2)$$

或者，对 $k=1,2,\cdots$

$$-\frac{f(2)}{k} < f(n) - \log_p n < \frac{f(2)}{k} \qquad (6)$$

令 $k \to \infty$，得 $f(n) = \log_p n(n \geqslant 2)$. 这个关系式对 $n = 1$ 也正确：$f(1) = 0 = \log_p 1$.

附注　在上面解法中我们从未应用 n 是自然数的假定. 因此，与上面解法类似，可以证明，任何定义在实数集上并且满足 $f(kl) = f(k) + f(l)$ 的递增函数 f 可表示成

$$f(x) = \log_p x(p > 1)$$

附　录

下列各题选自1970～1976年数学竞赛前两试试题.

1 过$\triangle ABC$平面上一点P作三条直线分别垂直于直线BC,AC及中线CE(或其延长线).

求证:如果它们与三角形的高CD(或其延长线)交于点K,L,M,那么$KM=LM$.

证明　先证几个辅助命题.

引理　如果两个三角形对应边分别平行,那么它们相似.

引理证明　设$AB\parallel A'B'$,$BC\parallel B'C'$,$CA\parallel C'A'$.于是两个三角形对应角的两边分别平行.因此,对应角相等,或互补

$$\angle A=\angle A' \text{ 或 } \angle A+\angle A'=180^\circ$$
$$\angle B=\angle B' \text{ 或 } \angle B+\angle B'=180^\circ$$
$$\angle C=\angle C' \text{ 或 } \angle C+\angle C'=180^\circ$$

如果至少有两对角互补,比如说,$\angle A+\angle A'=180^\circ$,$\angle B+\angle B'=180^\circ$,那么因为三角形三内角之和等于$180^\circ$,我们得

$$\angle A+\angle A'+\angle B+\angle B''=360^\circ$$
$$=\angle A+\angle B+\angle C+\angle A'+\angle B'+\angle C'$$

因而

$$\angle C+\angle C'=0^\circ$$

这不可能.

因此至少有两对角相等,例如$\angle A=\angle A'$,$\angle B=\angle B'$,因此两三角形相似.

推论　如果两三角形对应边分别垂直,那么它们相似.

推论证明　设

$$AB\perp A_1B_1\quad BC=B_1C_1\quad CA\perp C_1A_1 \tag{1}$$

将$\triangle A_1B_1C_1$绕任何一点旋转90°得$\triangle A'B'C'$,那么$\triangle A'B'C'$与$\triangle A_1B_1C_1$对应边互相垂直

$$A_1B_1\perp A'B'\quad B_1C_1\perp B'C'\quad C_1A_1\perp C'A' \tag{2}$$

由(1),(2)可知$AB\parallel A'B'$,$BC\parallel B'C'$,$CA\parallel C'A'$.按上述引理可知$\triangle ABC$与$\triangle A'B'C'$相似.但$\triangle A'B'C'$与$\triangle A_1B_1C_1$全等,所以$\triangle ABC$与$\triangle A_1B_1C_1$相似.

现解本题.

如果点 P 在直线 CD 上，那么点 P,K,L,M 重合，所以 $KM=LM=0$.

如果点 P 不在直线 CD 上，那么由已知条件可知 $\triangle PKM$ 与 $\triangle CBE$，$\triangle PLM$ 与 $\triangle CAE$ 的对应边分别垂直(图 33). 按上述引理的推论可知这两对三角形分别相似.

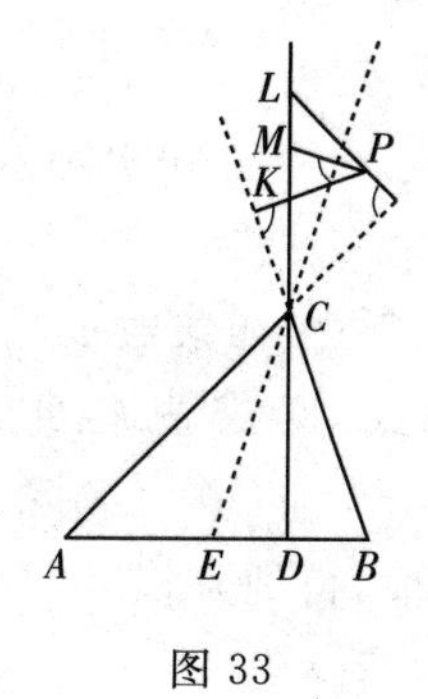

图 33

设 λ 和 μ 分别是 $\triangle PKM$ 与 $\triangle CBE$，$\triangle PLM$ 与 $\triangle CAE$ 的相似比.

那么

$$PM=\lambda CE \quad ①$$
$$KM=\lambda BE \quad ②$$
$$PM=\mu CE \quad ③$$
$$LM=\mu AE \quad ④$$

比较 ①，③ 两式得 $\lambda=\mu$. 但点 E 是线段 AB 的中点，所以 $AE=BE$，因此由 ②，④ 两式可知 $KM=LM$.

2 求数字 a,b,c 使对任何自然数 n 有等式

$$\overline{\underbrace{aa\cdots a}_{n}\underbrace{bb\cdots b}_{n}}+1=(\overline{\underbrace{cc\cdots c}_{n}}+1)^2$$

(符号 $\overline{a_1a_2\cdots a_k}$ 表示十进制数，a_k 是个位数字，a_{k-1} 是十位数字，a_{k-2} 是百位数字等.)

解　设 $p_n=\overline{\underbrace{11\cdots1}_{n}}$，则 $p_n=10^{n-1}+10^{n-2}+\cdots+10+1=\dfrac{10^n-1}{9}$，$10^n=9p_n+1$. 数 $\overline{\underbrace{aa\cdots a}_{n}\underbrace{bb\cdots b}_{n}}$ 及 $(\overline{\underbrace{cc\cdots c}_{n}}+1)^2$ 可以通过 p_n 表示为

$$\overline{\underbrace{aa\cdots a}_{n}\underbrace{bb\cdots b}_{n}}=\overline{\underbrace{aa\cdots a}_{n}}\cdot 10^n+\overline{\underbrace{bb\cdots b}_{n}}=$$
$$ap_n10^n+bp_n=ap_n(9p_n+1)+bp_n$$
$$(\overline{\underbrace{cc\cdots c}_{n}}+1)^2=(cp_n+1)^2=c^2p_n^2+2cp_n+1$$

因此题设条件中的等式可写成

$$9ap_n^2+(a+b)p_n+1=c^2p_n^2+9cp_n+1$$

或者

$$9ap_n+(a+b)=c^2p_n+2c \quad (1)$$

我们应用下列定理：如果对于自变量 x 的无穷多个值，两多项式 $f(x)$ 和 $g(x)$ 的值相等，那么这两个多项式中 x 同次幂系数相等.

本题中，当 $x=p_n(n=1,2,\cdots)$，多项式 $f(x)=9ax+(a+$

b) 及 $g(x)=c^2x+2c$ 的值相等. 因此,按上述定理,多项式 $f(x)$ 及 $g(x)$ 中 x 同次幂系数相等,亦即

$$9a=c^2 \quad a+b=2c \tag{2}$$

反之,如果数 a,b,c 满足条件(2),那么显然对于任何自然数 n 关系式(1) 成立. 因此,只需求出一切满足式(2) 的数字 a,b,c. 由 $9a=c^2$ 知 c 被 3 整除,所以数字 c 可取 0,3,6,9. 不难求出相应的 a,b 值,得到方程组(2) 有下列解:(0,0,0),(1,5,3),(4,8,6),(9,9,9).

附注 1 应用对任何自然数 n 关于式(1) 成立的假定,可用另一种方法导出方程组(2):式(1) 两边除以 p_n,令 $n\to\infty$($\lim\limits_{n\to\infty}p_n=\infty$),得

$$\lim_{n\to\infty}\left(9a+\frac{a+b}{p_n}\right)=9n+0=9a$$

$$\lim_{n\to\infty}\left(c^2+\frac{2c}{p_n}\right)=c^2+0=c^2$$

因此 $9a=c^2$. 由此式及式(1) 得 $a+b=2c$.

附注 2 对任何 $g(\geqslant 2)$ 进制数,都可解与本题类似的问题.

与上面解法类似,经过变换后可得关系式:对任何自然数 n

$$(g-1)ap_n+(a+b)=c^2p_n+2c \tag{1'}$$

还可类似证明它等价于方程组

$$(g-1)a=c^2, a+b=2c \tag{2'}$$

我们来求满足方程(2′) 的 g 进制下的数字 a,b,c. 设 t^2 是整除 $g-1$ 的最大的完全平方数. 那么 $g-1=t^2s$,这里 s 是无平方因子数,亦即它没有一个因子等于大于1的自然数的平方. 由式(2′) 中第一个方程可知 ts 整除 c,亦即 $c=tsu$,这里 u 是整数. 仍由该方程推得 $a=su^2$. 最后,由式(2′) 中第二个方程得 $b=su(2t-u)$.

因此,方程组(2′) 的全部整数解是

$$\begin{aligned}a&=su^2\\ b&=su(2t-u)\\ c&=tsu\end{aligned} \tag{3'}$$

这里 u 是任意整数.

但在现在推广的问题中,a,b,c 是 g 进制中的数字,亦即它们满足不等式 $0\leqslant a,b,c\leqslant g-1=t^2s$. 不等式 $0\leqslant c\leqslant g-1$ 可写成 $0\leqslant tsu\leqslant t^2s$,它等价于不等式 $0\leqslant u\leqslant t$. 反之,如果 $0\leqslant u\leqslant t$,那么 $0\leqslant a=su^2\leqslant st^2=g-1, 0\leqslant b=su(2t-u)=s(2tu-u^2)=s[t^2-(t-u)^2]\leqslant st^2=g-1$. 因此,问题的所有解都包含在式(3′) 中,其中 $g-1=t^2s, 0\leqslant u\leqslant t$.

特别,当 $u=0$ 时,得解 $a=b=c=0$;当 $u=t$ 时,得解 $a=b=c=g-1$.

❸ 证明:任何凸多面体的面或是三角形,或是四边形.

证明 设存在凸多面体 W,它的各面既非三角形,也不是四边形.设 w 是其顶点数,k 是棱数,s 是面数,并设 φ 是它各个顶点周围所有平面角之和.因为由多面体 W 的各个顶点至少发出 4 条棱,而每条棱联结两个顶点,所以 $k \geqslant \frac{1}{2} \cdot 4w = 2w$.因为每个面不少于 4 条边,而当 $n \geqslant 4$ 时,n 边形内角和 $\geqslant 2\pi$,所以 $\varphi \geqslant 2\pi s$.在每个面 S_i 中取一点,并将它与面 S_i 的所有顶点用线段相连.因为每条棱都是两个三角形的边,所以此时多面体的表面分为 $2k$ 个三角形.设 Ψ 是所有三角形的内角和.那么 $4\pi w \leqslant 2k\pi = \Psi = \varphi + 2\pi s \leqslant 2\varphi$,因而 $\varphi \geqslant 2\pi w$.另一方面,因为 W 是凸多面体,所以 $\varphi < 2\pi w$.所得到的矛盾表明原先假定存在各面既非三角形,也非四边形的多面体是不正确的.

❹ 已知空间中六条直线,其中任何三条不平行,任何三条不交于一点,也不共面.

求证:在这 6 条直线中总可选出 3 条,其中任两条异面.

证明 由已知条件可知任何 3 条已知直线中必定有 2 条异面直线.把已知直线与顶点为 1,2,…,6 的凸六边形的各个顶点间建立一一对应(图 34).如果六边形的两个顶点对应于两条异面直线,则以实线将它们联结,不然则以虚线联结.

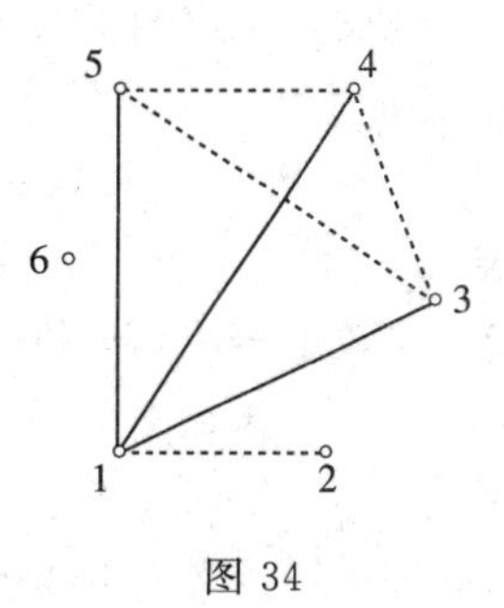

图 34

原问题归结为下列问题:已知 6 点,其中任两点用实线或虚线联结,任何一个以这些点为顶点的三角形都有一条边是实线.求证:存在一个三角形,其三边都是实线.

设三边都是实线的三角形不存在.那么显然已知点中有两点是用虚线相连.设是点 1 和 2.因为每个 △123,△124,△125,△126 都有一条实线边,因而这边不是 $\overline{12}$,所以 3,4,5,6 这四点都分别至少与点 1 和点 2 中一个用实线相连.

如果点 1,2 中某点至少与点 3,4,5,6 中的三点用实线联结,(例如点 1 与点 3,4,5),那么 △134,△145,△135 各有 2 条实边,我们可知边 $\overline{34}$,$\overline{45}$,$\overline{35}$ 是虚线(图 34).因此 △345 任何一边都非实线,按假设此不可能.

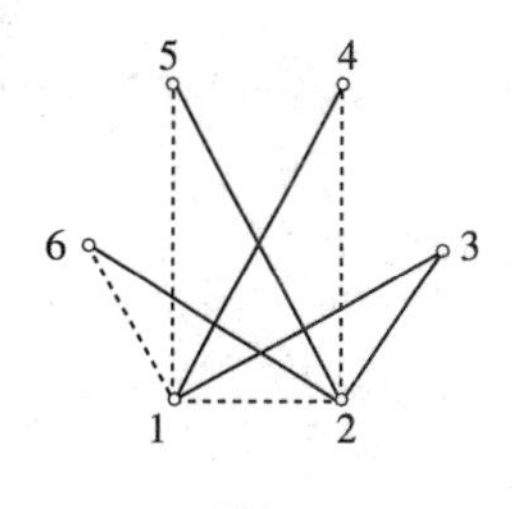

图 35

因此,点 1,2 都与点 3,4,5,6 中的某两点以实线相连.不失一般性,我们设点 1 以实线与点 3,4 相连,而点 2 以实线与点 5,6 相连.而点 1 与点 5,6,以及点 2 与点 3,4 则分别以虚线相连(图 35).我们考察 △256.易见顶点 5,6 以虚线相连.于是 △156 各边都是虚线,但按假设这不可能.所得到的矛盾表明存在各边为实线的三角形.

5 已知无穷序列$\{a_n\}$.求证:若

$$a_n + a_{n+2} \geqslant 2a_{n+1} (n = 1,2,\cdots)$$

则

$$\frac{a_1 + a_3 + \cdots + a_{2n+1}}{n+1} \geqslant \frac{a_2 + a_4 + \cdots + a_{2n}}{n} (n = 1,2,\cdots)$$

证明 将题设不等式$a_n + a_{n+2} \geqslant 2a_{n+1}$变换为

$$a_{n+2} - a_{n+1} \geqslant a_{n+1} - a_n \tag{1}$$

引进新记号$b_{n+1} = a_{n+1} - a_n (n = 1,2,\cdots)$,那么不等式(1)可写成$b_{n+2} \geqslant b_{n+1}$.所以序列$\{b_n\}$递增.

将不等式

$$\frac{a_1 + a_3 + \cdots + a_{2n+1}}{n+1} > \frac{a_2 + a_4 + \cdots + a_{2n}}{n}$$

改写成

$$n(a_1 + a_3 + \cdots + a_{2n+1}) > (n+1)(a_2 + a_4 + \cdots + a_{2n}) \tag{2}$$

现对n用数学归纳法证明(2).当$n = 1$,不等式(2)成为$a_1 + a_3 \geqslant 2a_2$,这是已知不等式$a_n + a_{n+2} \geqslant 2a_{n+1}$的特殊情形.

现设对某个自然数n不等式(2)成立.要证它对数$n+1$也成立,亦即

$$(n+1)(a_1 + a_3 + \cdots + a_{2n+1} + a_{2n+3}) \geqslant (n+2)(a_2 + a_4 + \cdots + a_{2n} + a_{2n+2}) \tag{3}$$

比较不等式(2)和(3),易知不等式(2)与不等式

$$(a_1 + a_3 + \cdots + a_{2n+1}) + (n+1)a_{2n+3} \geqslant (a_2 + a_4 + \cdots + a_{2n}) + (n+2)a_{2n+2} \tag{4}$$

相加即可得不等式(3),故问题归结为证不等式(4).

对不等式(4)作等价变形

$$\begin{aligned}(n+1)(a_{2n+3} - a_{2n+2}) &\geqslant (a_2 - a_1) + (a_4 - a_3) + \cdots + \\ &(a_{2n} - a_{2n-1}) + (a_{2n+2} - a_{2n+1})(n+1)b_{2n+3} \\ &\geqslant b_2 + b_4 + \cdots + b_{2n} + b_{2n+2}\end{aligned} \tag{5}$$

因为前面我们已证明$\{b_n\}$是递增序列,所以特别有

$$b_{2n+3} \geqslant b_2$$

$$b_{2n+3} \geqslant b_4$$

$$\vdots$$

$$b_{2n+3} \geqslant b_{2n}$$

$$b_{2n+3} \geqslant b_{2n+2}$$

将它们相加即得式(5).因此不等式(4)和(3)成立.于是按数学归纳法原理可知不等式(2)对一切自然数n成立.

6 假定对某些自然数 n，数 $\frac{n(n+1)}{2}$ 在十进制中各位数字都是数字 a，问 a 可能取哪些值？

解 排除平凡情形 $0 \leqslant n \leqslant 4$，下面设数字 a 至少重复 2 次. 显然，数字 a 不可能是零. 如果在十进制中数 $t_n = \frac{1}{2}n(n+1)$ 是各位数字都是 1 的 k 位数(这里 $k \geqslant 2$)，那么 $9t_n = 10^k - 1$. 做简单变换后可得 $(3n+1)(3n+2) = 2 \cdot 10^k = 2^{k+1} \cdot 5^k$. 因为连续自然数 $3n+1$ 和 $3n+2$ 互素，而且 $2^{k+1} \leqslant 2^{2k} = 4^k < 5^k$，所以 $3n+1 = 2^{k+1}$，而 $3n+2 = 5^k$. 两式相减得 $1 = 5^k - 2^{k+1} > 4^k - 2^{k+1} = 2^k(2^k - 2) \geqslant 8$(因为 $k \geqslant 2$). 这个矛盾表明 a 不可能等于 1.

注意 $8t_n + 1 = (2n+1)^2$. 如果在十进制中数 t_n 的末位数字是 2,4,7 或 9，那么 $8t_n+1$ 的末位数字是 7 或 3. 但任何自然数的平方末位数字只可能是 0,1,4,5,6 或 9. 因此，数字 a 不可能等于 2,4,7,9.

如果数 t_n 的十进表示中后两位数是 33 和 88，那么 $8t_n+1$ 的表示式中后两位数是 65 或 05. 但任何自然数的平方后两位数不可能是这些数，因为不然的话，这个自然数 m 应当是奇数而且被 5 整除，亦即 $m = 10k+5$，由此得 $m^2 = 100k^2 + 100k + 25$，它被 100 除余 25，从而 m^2 的后两位数字应当是 25. 因此，数字 a 不可能是 3 和 8.

易见，数字 a 可以取作 5 或 6. 事实上，$t_{10} = 55$，$t_{11} = 66$，$t_{36} = 666$.

附注 可以证明，当 $n > 3$ 时，数 t_n 的十进写法是由重复数字组成的只有 t_{10}，t_{11}，t_{36} 三个(见 David W. Weger, Notices Amer. Math. Soc., 19(1972), A－511, Abstr. 72－T－A152.)

7 一条折线包含在边长为 50 的正方形中，正方形边上各点与折线上各点之距离不小于 1. 求证：折线长度大于 1 248.

证明 设折线 $A_1A_2\cdots A_n$ 具有题设性质，$K_i(i=1,2,\cdots,n)$ 是以点 A_i 为圆心、半径为 1 的圆，$F_i(i=1,2,\cdots,n)$ 是由与连心线 A_iA_{i+1} 平行且与它距离为 1 的两条直线以及圆 K_i 和 K_{i+1} 的两条弧所围成的图形(图 36 中用斜线标出 F_i).

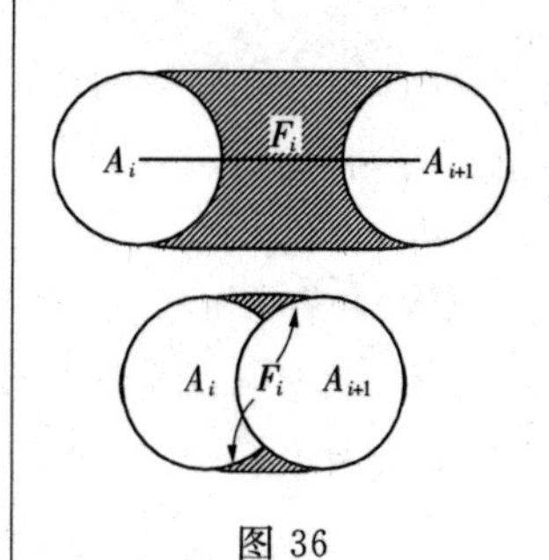

图 36

与线段 A_iA_{i+1} 上某点距离小于 1 的点所成的集含在圆 K_i，K_{i+1} 及图形 F_i 的并集之中. 由题设条件可知边长为 50 的正方形含在集

$K_1 \cup F_1 \cup K_2 \cup F_2 \cup K_3 \cup \cdots \cup K_{n-1} \cup F_{n-1} \cup K_n =$

$\bigcup_{i=1}^{n-1}(K_i \cup F_i) \cup K_n$

之中.

因为图形$(K_i \backslash K_{i+1}) \cup F_i$的面积 $= 2 \cdot A_iA_{i+1}$，所以图形$K_i \cup F_i$的面积不小于$2A_iA_{i+1}$，而圆K_i的面积等于π. 正方形面积不超过图形$K_i \cup F_i$与圆K_n的面积之和，亦即

$$2\,500 \leqslant 2\sum_{i=1}^{n-1} A_iA_{i+1} + \pi$$

因此，折线长 $= \sum_{i=1}^{n-1} A_iA_{i+1} \geqslant 1\,250 - \frac{\pi}{2} > 1\,248$.

8 在边长为20和25的矩形中有120个边长为1的正方形.

求证：在矩形中可作一个直径为1的圆与这120个正方形没有公共点.

证明 当且仅当直径为1的圆的中心P与边长为1的正方形$ABCD$的一边距离不大于$\frac{1}{2}$时，这两个图形有公共点. 因此，点P属于由正方形$ABCD$，四个尺寸为$1 \times \frac{1}{2}$的矩形以及4个半径为$\frac{1}{2}$的$\frac{1}{4}$圆所组成的图形$A'B'B''C''C'D'D''A''$之中(图37). 这个图形面积等于$1 + 4 \times 1 \times \frac{1}{2} + 4 \times \frac{1}{4} \times \pi\left(\frac{1}{2}\right)^2 = 3 + \frac{\pi}{4}$.

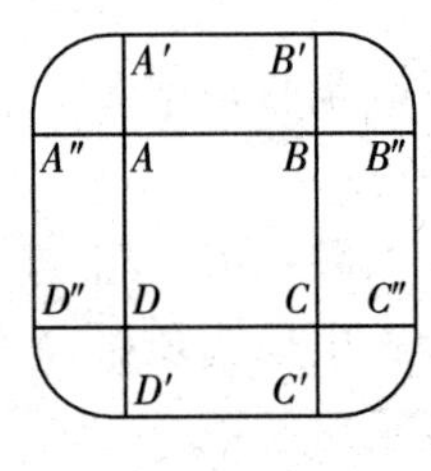

图 37

如果对120个已知正方形各作一个图110那种形状的图形，并且F_1表示这120个图形的并集的面积，因为这120个图形有些可能互相重迭，所以$F_1 \leqslant 120 \times \left(3 + \frac{\pi}{4}\right) = 360 + 30\pi$.

对于圆心在已知矩形内、直径为1的圆，当且仅当它不完全含在矩形内部时，其中心与矩形边的距离小于$\frac{1}{2}$. 矩形中与矩形边的距离小于$\frac{1}{2}$的点组成面积为$20 \times 25 - 19 \times 24 = 44$的图形$F_2$(图38).

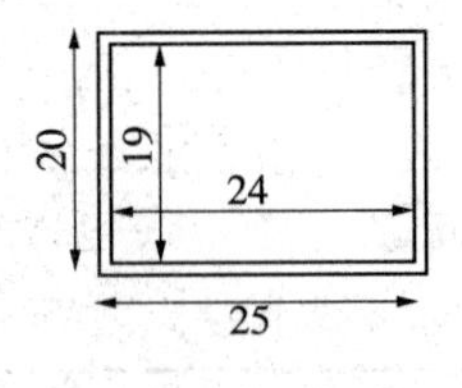

图 38

因为$\pi < 3.2$，所以图形F_1与F_2的面积之和小于$360 + 30 \times 3.2 + 44 = 500$，而已知矩形面积等于$20 \times 25 = 500$.

因此，存在一点P属于已知矩形但不属于图形F_1，也不属于图形F_2，而中心在P、直径为1的圆完全含在已知矩形中而且与120个已知正方形没有公共点.

❾ 棱长为 n 的立方体被与它的面平行的平面划分成 n^3 个单位立方体. 有多少对公共顶点个数不多于 2 的单位立方体?

解 如果两个单位立方体至少有 3 个公共点,那么它们有公共面. 反之,单位立方体的任何一个面若不位于大立方体的一个面中,则确定一对至少有 3 个公共顶点的单位立方体. 我们来确定这种面的个数. 单位立方体的个数等于 n^3,它们每个都有 6 个面,但有 $6n^2$ 个面位于大立方体的面上,因此有 $6n^3-6n^2$ 个单位立方体面位于大立方体内部,而且这些面每个都计算了两次. 因此,共有 $3n^3-3n^2$ 对至少有 3 个公共顶点的单位立方体. 因为总共可组成 $\binom{n^3}{2}=\frac{1}{2}n^3(n^3-1)$ 种单位立方体对,所以有

$$\frac{1}{2}n^3(n^3-1)-(3n^3-3n^2)=\frac{1}{2}n^2(n^4-7n+6)$$

对单位立方体公共顶点个数不超过 2.

❿ 求证:在圆内接凸四边形中,由各边中点向对边所作的四条垂线交于一点.

证法 1 设 $ABCD$ 是圆内接凸四边形,点 P,Q,R,S 是它各边中点,点 O 是线段 PR 的中点(图 39). 于是[①]

$$P=\frac{1}{2}(A+B)\quad Q=\frac{1}{2}(B+C)$$

$$R=\frac{1}{2}(C+D)\quad S=\frac{1}{2}(D+A)$$

$$O=\frac{1}{2}(P+R)=\frac{1}{4}(A+B+C+D)$$

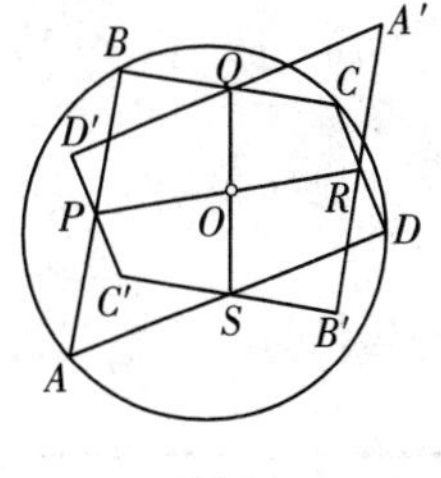

图 39

因为$\frac{1}{2}(Q+S)=\frac{1}{4}(A+B+C+D)=O$,所以点 O 与线段 QS 的中点重合.

设 $A'B'C'D'$ 与四边形 $ABCD$ 关于点 O 对称. 因为在中心对称变换中线段中点变为象线段的中点,因此在此时点 P,R 分别变为点 R,P,点 Q,S 分别变为点 S,Q,因而点 P,Q,R,S 分别与四边形 $A'B'C'D'$ 各边中点重合. 因为四边形 $ABCD$ 内接于圆,所以根据中心对称变换的性质,它的象即四边形 $A'B'C'D'$ 也内接于一圆. 因为四边形 $ABCD$ 各边平行于四边形 $A'B'C'D'$ 的对应边(即四边形 $ABCD$ 各边的象),所以由四边形 $ABCD$ 各边中点所作对

① 按定义,点 $X+Y=(x_1+y_1,x_2+y_2)$ 称为点 $X=(x_1,x_2)$ 与 $Y=(y_1,y_2)$ 的和;点 $aX=(ax_1,ax_2)$ 称为点 $X=(x_1,x_2)$ 与数 a 之积. 在这种记号下,线段 XY 的中点 Z 可写成 $Z=\frac{1}{2}(X+Y)$.

边的垂线与四边形 $A'B'C'D'$ 的对应边的垂直平分线复合. 因为四边形 $A'B'C'D'$ 的各边是其外接圆的弦,而圆的弦的垂直平分线经过圆心,所以上述四条垂直平分线交于一点(即四边形 $A'B'C'D'$ 外接圆圆心). 因此题设中的四条直线交于一点.

证法 2 设点 K 是四边形 $ABCD$ 外接圆的中心,点 P,Q,R,S 是各边中点. 那么

$$P=\frac{1}{2}(A+B),Q=\frac{1}{2}(B+C),R=\frac{1}{2}(C+D)$$

$$S=\frac{1}{2}(D+A)$$

选取坐标系使 K 为原点. 因为经过圆心及弦的中点的直线垂直于弦,所以

$$KP\perp AB,KQ\perp BC,KR\perp CD,KS\perp DA$$

经过点 U、平行于向量$\overrightarrow{VW}$ 的直线的参数方程是

$$p(t)=U+t(W-V)$$

经过边 AB 的中点且垂直于边 CD 的直线平行于向量$\overrightarrow{KR}$. 因此,这条直线的参数方程是

$$p(t)=\frac{1}{2}(A+B)+t(R-K)=\frac{1}{2}(A+B)+\frac{t}{2}(C+D)$$

令 $t=1$,可知点 $p(1)=\frac{1}{2}(A+B+C+D)$ 在这条直线上.

类似地可证点$\frac{1}{2}(A+B+C+D)$ 也在题设中的另外三条直线上. 因此这四条直线交于一点 $p(1)=\frac{1}{2}(A+B+C+D)$.

11 求证:在 25 个不同的正数中,总可以选出两个数,它们的和及差不与其余 23 个数相同.

证明 设 $A=\{a_1,a_2,\cdots,a_{25}\}$ 是已知数的集,并设 $0<a_1<a_2<\cdots<a_{25}$ 假定对任何适合 $1\leqslant r\leqslant s\leqslant 25$ 的 $r,s,a_s+a_r\in A\setminus\{a_r,a_s\}$,或 $a_s-a_r\in A\setminus\{a_r,a_s\}$. 因为显然 $a_r-a_s<0$,故数 a_r-a_s 不属于集 A.

因为对于 $i=1,2,\cdots,24$ 有不等式 $a_{25}+a_i>a_{25}$,故 $a_{25}+a_i\notin A$,根据我们的假设 24 个数 $a_{25}-a_i$ 组成递减序列,它的各项都属于总共含 24 个元素的集 $A\setminus\{a_{25}\}$. 这表明当 $i=1,2,\cdots,24$

$$a_{25}-a_i=a_{25-i}$$

因为当 $j=2,3,\cdots,23$ 时,有不等式 $a_{24}+a_j>a_{24}+a_1=a_{25}$ 成立,所以 $a_{24}+a_j\notin A$,而且根据我们的假设知道 $a_{24}-a_j\in A$. 另外

$$a_{24}-a_j\leqslant a_{24}-a_2=(a_{25}-a_1)-(a_{25}-a_{23})=a_{23}-a_1<a_{23}$$

因此，22个数 $a_{24}-a_j$ 组成递减序列，它的各项都属于总共含22个元素的集 $A\backslash\{a_{23},a_{24},a_{25}\}$. 这表明，当 $j=2,3,\cdots,23$

$$a_{24}-a_j=a_{24-j}$$

特别，$a_{24}-a_{12}=a_{12}$，因而 $a_{24}-a_{12}\notin A\backslash\{a_{12},a_{24}\}$. 另外，$a_{24}+a_{12}>a_{24}+a_1=a_{25}$，于是 $a_{24}+a_{12}\notin A$，这与原假设矛盾.

12 求具有下列性质的最小自然数 $n(n>1)$：存在由平面上 n 个点组成的集 Z，使任何直线 $AB(A,B\in Z)$ 都平行于另一条直线 $CD(C,D\in Z)$.

证明 首先证明，因正五边形的顶点集 Z 具有题目所要求的性质，因而 $n\leqslant 5$. 具体地说，我们要证明，正五边形任何一条边平行于它的一条对角线，反之，它的任一条对角线平行于它的一边.

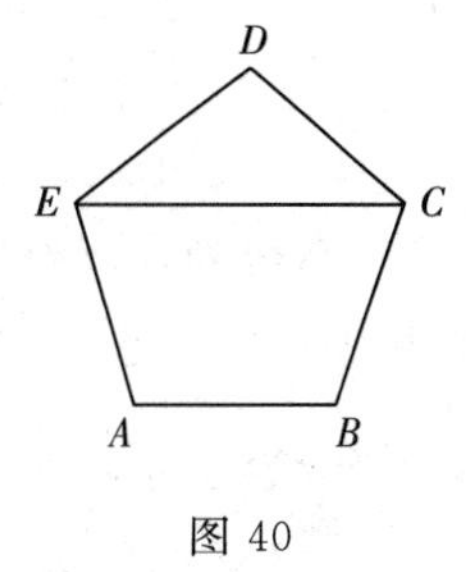

图 40

只需证明 $AB\parallel CE$（图 40）. 因四边形 $ABCE$ 内接于圆（内接于正五边形的外接圆），故 $\angle A+\angle BCE=\pi$. 因为 $\angle A=\angle B$，所以 $\angle BCE=\pi-\angle B$. 因此 $AB\parallel CE$.

另一方面，由题设条件，因为至少有两条不相重合的直线互相平行，并且每条直线都至少经过集 Z 的两点，所以 $n\geqslant 4$. 如果 $n=4$，而且设点 A,B,C,D 适合题意，那么它们是梯形的四个顶点. 但梯形任何对角线都不平行于它任何两顶点的连线. 因此 $n>4$. 于是由上面所证得的不等式 $n\leqslant 5$ 知 $n=5$.

13 求证：如果四面体的内切球及外接球的中心重合，那么四面体各面全等.

证明 设点 O 是四面体 $ABCD$ 的内切球与外接球的公共球心，r 和 R 分别是其半径. 如果点 O' 是内切球与四面体的一个面的切点，点 P 是这个面的一个顶点，那么应用勾股定理从 $\triangle OO'P$ 得 $O'P=\sqrt{R^2-r^2}$. 因此，点 O' 与这个面的各顶点等距，因而是这个面的外接圆中心. 同此还可知四面体各面外接圆半径相等，都等于 $\sqrt{R^2-r^2}$.

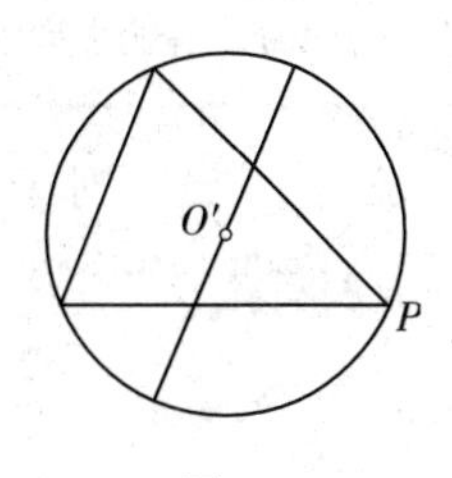

图 41

因为点 O' 是四面体内切球与它的面的切点，所以点 O' 在这面的内部. 另外，点 O' 是这面的外接圆心，所以这面（三角形）的各个角是这圆的小于半圆的弧所对圆周角，因而都是锐角（图 41）.

对 $\triangle ABC$ 及 $\triangle CBD$ 应用正弦定理（图 42），得 $\sin\angle BAC=\dfrac{BC}{2\sqrt{R^2-r^2}}$，$\sin\angle BDC=\dfrac{BC}{2\sqrt{R^2-r^2}}$，因此 $\sin\angle BCA=\sin\angle BDC$，因 $\angle BAC$，$\angle BDC$ 都是锐角，故 $\angle BAC=\angle BDC$. 类似地可证，

四面体各棱在经过它的两个面中的对角分别相等，亦即 $\angle ABC = \angle ADC, \angle ACB = \angle ADB, \angle ABD = \angle ACD, \angle BAD = \angle BCD, \angle CAD = \angle CDB$. 设 $\alpha,\beta,\gamma,\delta,\varepsilon,\eta$ 分别是以上各对等角之值，那么根据三角形三内角之和等于 π，得

$$\alpha+\beta+\gamma=\pi, \beta+\gamma+\eta=\pi \tag{1}$$

$$r+\delta+\varepsilon=\pi, \alpha+\varepsilon+\eta=\pi \tag{2}$$

(1)，(2) 中两式分别相加，得

$$\alpha+2\beta+\gamma+\delta+\eta=2\pi, \alpha+\gamma+\delta+2\varepsilon+\eta=2\pi \tag{3}$$

因(3) 中两式右边相等，故左边也相等，于是得 $\beta=\varepsilon$. 因为 $\beta=\angle ABC, \varepsilon=\angle BCD$，故知 $\triangle ABC$ 与 $\triangle DCB$ 全等(图 42).

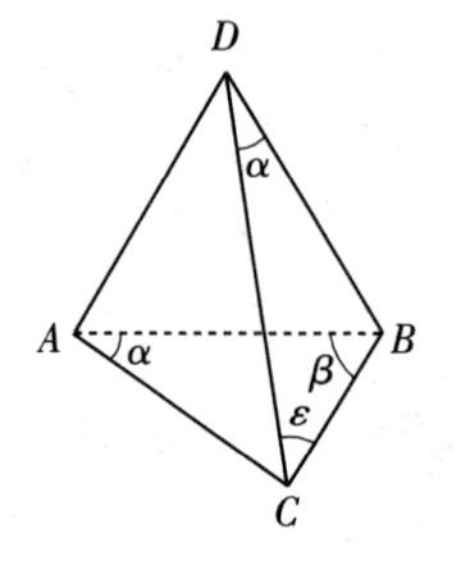

图 42

类似地可证四面体任何两面都全等.

附注 如果三角形内切圆及外接圆的中心相重合，那么三角形等腰. 类似的命题对三维空间不再成立：存在内切球及外接球中心相重合的非正四面体.

例如，设 a 是不等于 $\frac{\sqrt{2}}{2}$ 的正数，$A=(1,a,0), B=(-1,a,0), C=(0,-a,1), D=(0,-a,-1)$，我们考察四面体 $ABCD$. 因为 $AB=2, AC=\sqrt{2+4a^2}\neq 2$，所以 $ABCD$ 不是正四面体. 三个映射 $f_1(x,y,z)=(x,y,-z), f_2(x,y,z)=(-x,y,z), f_3(x,y,z)=(z,-y,x)$ 都把四面体的顶点集 $\{A,B,C,D\}$ 变为自身. 因此，每个映射 $f_i(i=1,2,3)$ 都将四面体 $ABCD$ 的外接球心 $P=(r,s,t)$ 变为自身. 由 $f_1(P)=P$ 得 $t=0$，由 $f_2(P)=P-r=0$ 及 $f_3(P)=P-s=0$ 得 $P=(0,0,0)$，类似地可证点 P 是四面体 $ABCD$ 的内切球中心.

14 求证：如果正数 x,y,z 满足不等式

$$\frac{x^2+y^2-z^2}{2xy}+\frac{y^2+z^2-x^2}{2yz}+\frac{z^2+x^2-y^2}{2xz}>1$$

那么 x,y,z 构成某个三角形的三边长.

证明 已知对于正数 x,y,z，当且仅当它们任一数小于另两数之和，亦即

$$x<y+z, y<x+z, z<x+y \tag{1}$$

时，这三数可作为一个三角形的三边长.

题设中的不等式可通过恒等变形化成

$$z(x^2+y^2-z^2)+x(y^2+z^2-x^2)+y(z^2+x^2-y^2)-2xyz>0$$

然后，化为

$$x^2y+x^2z+y^2x+y^2z+z^2x+z^2y-x^3-y^3-z^3-2xyz>0$$

另一方面

$(y+z-x)(z+x-y)(x+y-z)=$

$x^2y+x^2z+y^2x+y^2z+z^2x+z^2y-x^3-y^3-z^3-2xyz$

因此题中的不等式等价于不等式

$$(y+z-x)(z+x-y)(x+y-z)>0$$

于是，三数 $y+z-x, z+x-y, x+y-z$ 全正，或者其中两数为负.

对第一种情形，不等式(1) 成立，因此 x, y, z 可作为一个三角形的三边长.

现在假定在第二种情况中 $y+z-x, z+x-y$ 是负的，将它们相加得 $2z<0$，这个矛盾表明第二种情况不可能发生.

附注 由上述证明可知题设条件中的不等式等价于三角形不等式(1). 因此本题的逆命题也成立.

15 求证：对于任何非负整数 m 存在整系数多项式 w，使 2^m 是数 $a_n=3^n+w(n)(n=0,1,2,\cdots)$ 的最大公因子.

证明 先证几个引理.

引理 1 对于 $r=1,2,\cdots$，数 $r!$ 不被 2^r 整除.

引理 1 证明 已知数 2 在 $r!$ 的素因子分解式中的幂指数等于

$$\alpha=\left[\frac{r}{2}\right]+\left[\frac{r}{4}\right]+\left[\frac{r}{8}\right]+\cdots+\left[\frac{r}{2^k}\right]$$

其中 $2^k\leqslant r<2^{k+1}$，因此

$$\alpha\leqslant\frac{r}{2}+\frac{r}{4}+\frac{r}{8}+\cdots+\frac{r}{2^k}=r\left(1-\frac{1}{2^k}\right)<r$$

引理 2 如果 k 是奇数，t 是自然数，那么存在整数 s，使 2^t 整除 $ks-1$.

引理 2 证明 因为 k 为奇数，故可表示为 $k=1-2w$，这里 w 是整除，令

$$s=1+(2w)+(2w)^2+\cdots+(2w)^{t-1}$$

可得 $ks=1-(2w)^t$. 因此 2^t 整除 $ks-1$.

引理 3 如果 $f(x)$ 是整系数多项式，而且当 $n=0,1,2,\cdots$ 时，2^{m+1} 整除数 $3^n+f(n)$，那么多项式 $w(x)=f(x)+2^m$ 具有下列性质：数 $a_n=3^n+w(n)(n=0,1,2,\cdots)$ 的最大公因子等于 2^m.

引理 3 证明 因为对任何非负整数 n，数 $3^n+f(n)$ 被 2^{m+1} 整除，所以存在整数 b_n 适合 $3^n+f(n)=2^{m+1}b_n$.

我们证明，数 a_n 的最大公因子等于 2 的某个整数幂.

设 p 是所有的数 $a_n(n=0,1,2,\cdots)$ 的素因子，只需证明 $p=2$.

因为 p 整除一切 a_n，所以特别地，整除 a_0 和 a_p. 因此，p 也整除差 $a_p-a_0=(3^p-1)+[w(p)-w(0)]$. 设 $w(x)=c_0+c_1x+\cdots+c_rx^r$，这里 $c_0, c_1, \cdots, c_r$ 是整数. 显然，p 整除数 $w(p)-w(0)=c_1p+$

$c_2 p^2 + \cdots + c_r p^r$,所以 p 也整除 $3^p - 1$.这表明 $p \neq 3$.但由费马小定理知 p 整除 $3^{p-1} - 1$,所以 p 也整除$(3^p - 1) - (3^{p-1} - 1) = 2 \cdot 3^{p-1}$.因为 $p \neq 3$,所以得知 $p = 2$.于是 $a_n (n = 1,2,\cdots)$ 的最大公因子等于 2 的某个整数幂.另外

$$a_n = 3^n + w(n) = 3^n + f(n) + 2^m = 2^{m+1} b_n + 2^m = 2^m (2b_n + 1)$$

因此,每个 a_n 被 2^m 整除,但不被 2^{m+1} 整除,亦即 $a_n (n = 1,2,\cdots)$ 的最大公因子是 2^m.

现解本题.由引理 3 可知,只需求整系数多项式 $f(x)$,使每个数 $3^n + f(n) (n = 0,1,2,\cdots)$ 被 2^{m+1} 整除.

令

$$f_j(x) = \frac{x(x-1)\cdots(x-j+1)}{j!} (j = 1,2,\cdots,m)$$

那么当 $n \geqslant j$ 时,$f_j(n) = \binom{n}{j}$;当 $n = 0,1,2,\cdots,j-1$ 时,$f_j(n) = 0$.

按牛顿二项定理,当 $n \geqslant m$,数 3^n 可写成

$$3^n = (1+2)^n = 1 + 2\binom{n}{1} + 2^2\binom{n}{2} + \cdots + 2^m\binom{n}{m} + 2^{m+1}\binom{m}{m+1} + \cdots + 2^n = 1 + 2f_1(n) + 2^2 f_2(n) + \cdots + 2^m f_m(n) + 2^{m+1} A$$

这里 A 是某个整数.

类似地,当 $n < m$ 时,因为 $f_{n+1}(n) = \cdots = f_m(n) = 0$,有

$$3^n = (1+2)^n = 1 + 2\binom{n}{1} + 2^2\binom{n}{2} + \cdots + 2\binom{n}{n} = 1 + 2f_1(n) + 2^2 f_2(n) + \cdots + 2^n f_n(n) + 2^{n+1} f_{n+1}(n) + \cdots + 2^m f_m(n).$$

因此,多项式 $g(x) = -(1 + 2f_1(x) + 2^2 f_2(x) + \cdots + 2^m f_m(x))$ 具有下列性质:2^{m+1} 整除每个数 $3^n + g(n) (n = 0,1,2,\cdots)$.在一般情况下,多项式的系数不是整数.

从引理 1 可知,多项式 $2^r f_r(x) (r = 1,2,\cdots,m)$ 的系数是分母为奇数的有理数.设 k 是多项式 $g(x)$ 的所有系数的最小公分母.那么 $g(x) = \frac{h(x)}{k}$,这里 $h(x)$ 是整系数多项式.k 是奇数.因此,按引理 2,存在整数 s 使 $ks - 1$ 被 2^{m+1} 整除.

我们证明,可取多项式 $sh(x)$ 作为多项式 $f(x)$.事实上,多项式 $sh(x)$ 的系数都是整数.另外,因为当 $n = 0,1,2,\cdots$ 时,2^{m+1} 整除 $3^n + g(n)$ 及 $ks - 1$,所以 2^{m+1} 也整除数

$$3^n + f(n) = 3^n + sh(n) = 3^n + ksg(n) = [3^n + g(n)] + (ks - 1) \cdot g(n)$$

按引理 3,数 $3^n + f(n) + 2^m (n = 0,1,2,\cdots)$ 的最大公因子等于 2^m.因此,可取 $w(x) = f(x) + 2^m$.

16 有一组文件分成 n 部分由 n 个人分别保管，这 n 个人每人都有电话机.

求证：当 $n \geqslant 4$ 时，只需通 $2n-4$ 次电话就可使 n 个人全都了解整个文件的内容.

证法 1 如果由 4 个人 A,B,C,D 分管文件，那么只需通 4 次电话：A 与 B，C 与 D 分别互相通话交换自己保管的文件内容，然后 A 与 C，B 与 D 分别互相把自己所了解的文件内容告知对方.

如果保管人数 n 大于 4，那么从他们中间分出 4 人，记为 A,B,C,D. 首先由其余 $n-4$ 人打电话给 A，告知他们保管的文件内容. 然后 A,B,C,D 按上述方式互相通话. 最后 A 打电话给其余 $n-4$ 人(即除去 A,B,C,D)，告诉他们自己所了解的全部内容.

总共需通 $(n-4)+4+(n-4)=2n-4$ 次电话，就可使 n 个保管人全知道整个文件内容.

证法 2 对 n 用数学归纳法证明 n 个人($n \geqslant 4$)只需通 $2n-4$ 次电话.

当 $n=4$ 时，与证法 1 相同. 现设问题的结论对某个 $n \geqslant 4$ 已成立，要证明 $n+1$ 个人只需通 $2(n+1)-4=2n-2$ 次电话.

首先由第 $n+1$ 个保管人打电话给第一个保管人，把自己所保管文件的内容告诉他. 然后，按归纳假设，前 n 个保管人通话 $2n-4$ 次即可得知整个文件内容. 最后，第 $n+1$ 个保管人给第一个保管人打电话，从他那里了解到整个文件内容.

这 $n+1$ 个人总共通话 $1+(2n-4)+1=2n-2$ 次，每个人就都了解文件全部内容.

17 已知五边形的每条对角线都从五边形中切去一个面积为 1 的三角形. 求这个五边形的面积.

解法 1 设 $ABCDE$ 是已知凸五边形，$A'B'C'D'E'$ 是正五边形，并且 $\triangle A'B'C'$ 的面积等于 1. 因为 $\triangle ABC$ 与 $\triangle ABE$ 面积相等，所以顶点 C 和 E 与直线 AB 的距离相等，因而 $CE \parallel AB$. 同样，五边形 $ABCDE$ 的任一对角线平行于它的一条边.

对于任意三个不在一直线上的点，存在仿射变换把它们变成任何另外三个不在一直线上的点. 设 φ 是一个仿射变换，适合 $\varphi(A)=A'$，$\varphi(B)=B'$，$\varphi(C)=C'$. 任何仿射变换保持面积之比不变. 因为 $\triangle ABC$ 与 $\triangle A'B'C'$ 面积相等，因而仿射变换 φ 保持图形面积不变.

任何仿射变换保持直线的平行关系. 因此，$\varphi(C)\varphi(E) \parallel$

$\varphi(A)\varphi(B)$，亦即 $C'\varphi(E) \mathbin{/\mkern-5mu/} A'B'$. 于是 $\varphi(E) \in C'E'$，类似地，$\varphi(D) \in A'D'$. 另外，$\varphi(D)\varphi(E) \mathbin{/\mkern-5mu/} A'C'$，由此得知 $\varphi(D)\varphi(E) \mathbin{/\mkern-5mu/} D'E'$（图 43）.

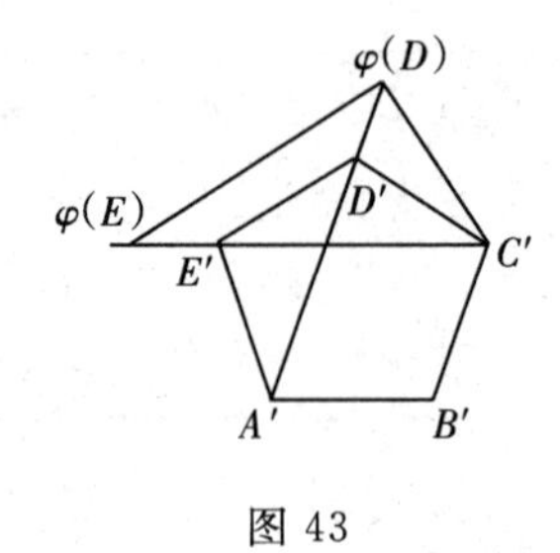

图 43

如果 $\varphi(D) \neq D'$，那么 $\triangle C'\varphi(D)\varphi(E)$ 及 $\triangle C'D'E'$ 中的一个位于另一个之中，但这两个三角形面积相等，所以这不可能. 因此 $\varphi(D) = D'$，类似地，$\varphi(E) = E'$. 因此，仿射变换 φ 把五边形 $ABCDE$ 变为正五边形 $A'B'C'D'E'$，又因 φ 保持面积不变，所以五边形 $ABCDE$ 与 $A'B'C'D'E'$ 面积相等.

不难计算五边形 $A'B'C'D'E'$ 的面积. $\triangle A'B'C'$ 的面积等于

$$1 = \frac{1}{2}A'B' \cdot B'C' \cdot \sin \angle A'B'C' = \frac{1}{2}a^2 \sin \frac{3\pi}{5}$$

这里 $a = A'B'$（图 44），由此得

$$a^2 = \frac{2}{\sin \frac{3\pi}{5}}$$

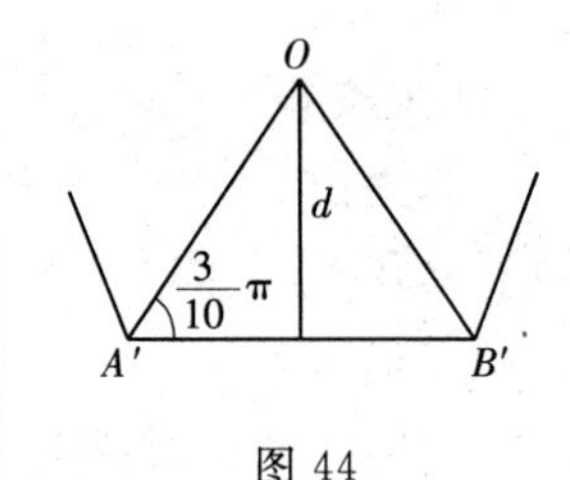

图 44

正五边形中心 O 到边 $A'B'$ 的距离 d 等于 $\frac{a}{2}\tan\frac{3\pi}{10}$，因此，正五边形 $A'B'C'D'E'$ 的面积等于

$$5 \cdot \frac{1}{2}ad = \frac{5}{4}a^2 \tan \frac{3\pi}{10} = \frac{5}{4\cos^2 \frac{3\pi}{10}} \approx 3.62$$

解法 2 设 $ABCDE$ 是已知五边形，点 P 是线段 BD 与 CE 的交点（图 45）. 类似于解法 1 可证 $CE \mathbin{/\mkern-5mu/} AB$，$BD \mathbin{/\mkern-5mu/} AE$. 因此四边形 $ABPE$ 是平行四边形，因此 $\triangle BPE\triangle$ 和 BAE 面积相等

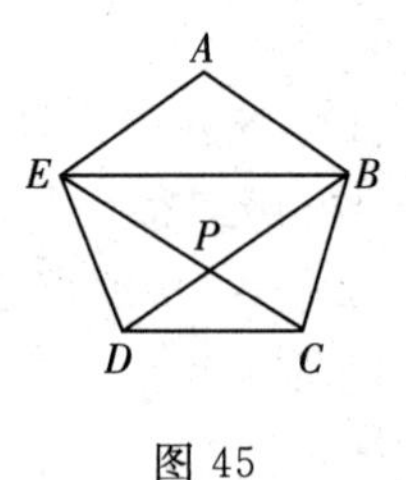

图 45

$$S_{\triangle BPE} = S_{\triangle BAE} = 1 \tag{1}$$

如果两个三角形等高，那么它们的面积之比等于底之比. 因此

$$\frac{S_{\triangle BPC}}{S_{\triangle DPC}} = \frac{BP}{DP}, \quad \frac{S_{\triangle BPE}}{S_{\triangle DPE}} = \frac{BP}{DP}$$

于是

$$\frac{S_{\triangle BPC}}{1 - S_{\triangle BPC}} = \frac{S_{\triangle BPE}}{S_{\triangle DPE}} \tag{2}$$

因为按已知条件

$$1 = S_{\triangle BCD} = S_{\triangle BPC} + S_{\triangle DPC}$$
$$1 = S_{\triangle ECD} = S_{\triangle DPE} + S_{\triangle DPC}$$

所以

$$S_{\triangle BPC} = S_{\triangle DPE} \tag{3}$$

设 $a = S_{\triangle BPC}$. 那么由式(1),(2),(3) 得

$$\frac{a}{1-a} = \frac{1}{a}$$

或

$$a^2+a-1=0 \tag{4}$$

因 $a>0$，故方程(4)仅有一个正根，即 $a=\frac{1}{2}(-1+\sqrt{5})$. 因此

$$S_{五边形ABCDE}=S_{\triangle ABE}+S_{\triangle BPE}+S_{\triangle DCE}+S_{\triangle BPC}=$$
$$3+a=\frac{1}{2}(5+\sqrt{5})$$

18 已知三面角的三个面角中至多有一个直角. 过它的顶点引三条直线分别垂直于三面角的一条棱，并且位于不含这条棱的面中.

求证：这三条直线在一个平面内.

证明 设 $\boldsymbol{a},\boldsymbol{b},\boldsymbol{c}$ 是平行于已知三面角棱的非零向量. 显然，向量 $\boldsymbol{a},\boldsymbol{b},\boldsymbol{c}$ 中任何两向量都不平行. 由题设条件可知，向量 $\boldsymbol{a},\boldsymbol{b},\boldsymbol{c}$ 中至多有两个直交，所以数 $\lambda=\boldsymbol{bc}$，$\mu=\boldsymbol{ca}$，$v=\boldsymbol{ab}$ 中至少有两个不为零. 于是向量

$$\boldsymbol{r}=\lambda\boldsymbol{a}-\mu\boldsymbol{b}\quad \boldsymbol{s}=\mu\boldsymbol{b}-v\boldsymbol{c}\quad \boldsymbol{t}=v\boldsymbol{c}-\lambda\boldsymbol{a} \tag{1}$$

不为零. 由式(1)得 $\boldsymbol{r}+\boldsymbol{s}=\boldsymbol{t}$，即向量 $\boldsymbol{r},\boldsymbol{s},\boldsymbol{t}$ 平行于同一平面. 另外，$\boldsymbol{rc}=\lambda\boldsymbol{ac}-\mu\boldsymbol{bc}=\lambda\mu-\mu\lambda=0$，所以向量 $\boldsymbol{r}$ 与 $\boldsymbol{c}$ 直交. 类似地可证 $\boldsymbol{s}\perp\boldsymbol{a}$，$\boldsymbol{t}\perp\boldsymbol{b}$.

因此，位于与向量 $\boldsymbol{a},\boldsymbol{b}$ 平行的平面上，而且垂直于向量 $\boldsymbol{c}$ 平行的棱的直线，其方向与向量 $\boldsymbol{r}$ 一致. 类似地可证题中的另两条直线分别平行于矢量 $\boldsymbol{s}$ 和 $\boldsymbol{t}$.

于是，我们证明了向量 $\boldsymbol{r},\boldsymbol{s},\boldsymbol{t}$ 平行于同一平面. 问题中所说的那三条直线分别平行于这三向量中的一个，而且这三条直线交于一点. 于是，这三条直线在一个平面内.

19 求证：四面体 $ABCD$ 的顶点 D 在二面角 AB,BC,CA 及相应外角的平分面上的正投影在一个平面上.

证明 二面角的平分面是它的对称平面. 因此，顶点 D 关于二面角 AB,BC,CA 及相应外角的任一平分面的对称点 D' 都位于平面 ABC 上. 如果点 P 是顶点 D 在上述一个平面上的正投影，那么点 P 是线段 DD' 的中点. 因此，点 P 是点 D' 在以点 D 为中心、相似系数为 $\frac{1}{2}$ 的位似变换 φ 下的象. 因此，点 D 在上述二面角平分面上的投影位于一个平面上，这个平面是平面 ABC 在位似变换 φ 下的象.

20 将面积为 S 的凸四边形 $ABCD$ 各边 3 等分，两组对边的对应分点的连线把四边形分成 9 个四边形.

求证：含有顶点 A 及 C 的两个四边形以及正中四边形的面积之和等于 $\frac{S}{3}$.

证明 先证下列引理.

引理 1 在题设四边形 $ABCD$ 中，联结一组对边的对应分点所得的线段被另一组对边的对应分点连线三等分.

引理 1 证明 设点 S,Z,W,R 分别是将已知四边形 $ABCD$ 的边 AB,BC,DC,AD 分割为 1:2 的分点（图 46），而点 E 是线段 RZ 和 SW 的交点. 只需证明点 E 也是把这些线段分割为 1:2 的分点.

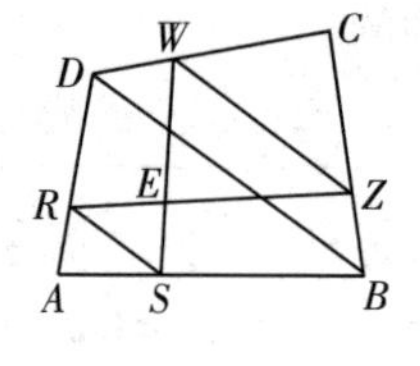

图 46

因为

$$\frac{AR}{AD}=\frac{AS}{AB}=\frac{1}{3}$$

所以按平行截割比例线段定理的逆定理，得 $RS \parallel DB$. 因此 $\triangle ARS$ 与 $\triangle ADB$ 相似，而且相似系数等于 $\frac{1}{3}$，由此得

$$\frac{RS}{DB}=\frac{1}{3} \tag{1}$$

类似，由比例式

$$\frac{CW}{CD}=\frac{CZ}{CB}=\frac{2}{3}$$

可知 $WZ \parallel DB$，因此 $\triangle CWZ$ 相似于 $\triangle CDB$，并且相似系数等于 $\frac{2}{3}$，于是

$$\frac{WZ}{DB}=\frac{2}{3} \tag{2}$$

由式(1)，(2) 得

$$\frac{RS}{WZ}=\frac{1}{2}$$

另外，$RS \parallel WZ$. 因此 $\triangle RSE$ 相似于 $\triangle ZWE$，而且相似系数等于 $\frac{1}{2}$. 特别，由此可知

$$\frac{RE}{EZ}=\frac{SE}{EW}=\frac{1}{2}$$

引理 1 得证.

现解本题. 设点 $R,G \in AD$，$W,P \in DC$，$Q,Z \in BC$，$S,H \in AB$，它们分别将线段 AD,DC,BC,AB 三等分（图 47）. 按刚证的引理，点 $E,U \in RZ$，$T,F \in GQ$，$E,T \in WS$，$F,U \in HP$ 分别将

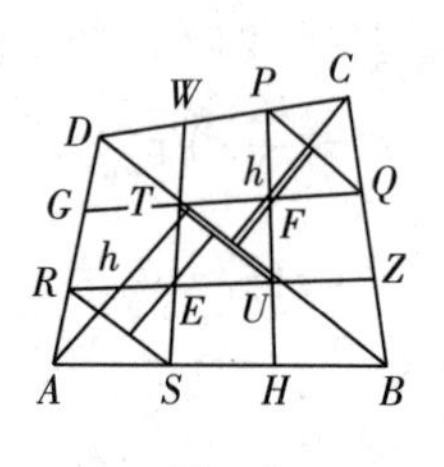

图 47

线段 RZ,GQ,WS,HP 三等分.

解法 1 因为 $RE=EU,TE=ES$,故按平行截割比例线段定理的逆定理,得 $RS\parallel TU$. 因此 $\triangle ERS$ 和 $\triangle ETU$ 全等,故 $RS=TU$.

在证明引理 1 时已知 $RS\parallel DB,RS=\frac{1}{3}DB$. 类似地可证 $PQ\parallel DB,PQ=\frac{1}{3}DP$. 因此 $TU\parallel RS\parallel DB\parallel PQ$,以及

$$PQ=RS=TU=\frac{1}{3}DB \tag{3}$$

作三角形

$$\triangle ARS,\triangle ERS,\triangle ETU,\triangle FTU,\triangle FPQ,\triangle CPQ \tag{4}$$

的在底边 RS,TU,PQ 上的高,注意这些高之和等于 $\triangle ABD$ 及 $\triangle CBD$ 在 DB 边上的高 h' 及 h'' 之和. 根据式(3),(4) 中的三角形的底相等(等于 $\frac{1}{3}DB$),所以这些三角形面积之和,亦即四边形 $ARES,ETFU,FPCQ$ 的面积之和等于这些三角形高之和与 $\frac{1}{3}DB$ 之积,故得

$$\frac{1}{2}(h'+h'')\cdot\frac{1}{3}DB=\frac{1}{3}\left(\frac{1}{2}h'\cdot DB+\frac{1}{2}h''\cdot DB\right)=$$
$$\frac{1}{3}(S_{\triangle ABD}+S_{\triangle CBD})=\frac{1}{3}S_{四边形ABCD}$$

解法 2 设第 k 个小四边形的面积为 S_h(图 48),S 是已知四边形 $ABCD$ 的面积.

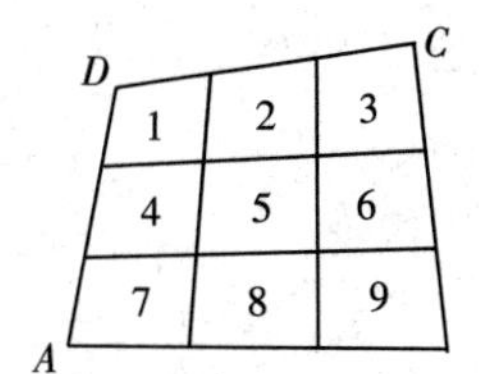

图 48

先证下列引理:

引理 2 如果四边形 $KLMN$ 被两组对边中点连线分成四个四边形,那么其中含有顶点 K 和 M 的两个四边形面积之和等于另两个四边形面积之和(图 49).

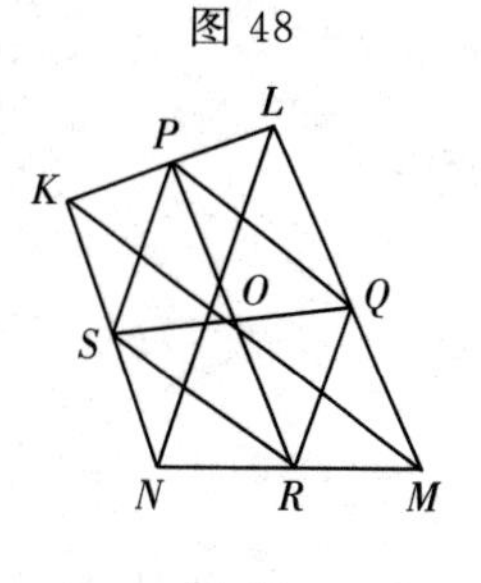

图 49

引理 2 证明 设边 KL,LM,MN,NK 的中点分别是点 P,Q,R,S,直线 PR 与 QS 的交点是 O. 那么 $PQ\parallel KM\parallel SR,PS\parallel LN\parallel QR$,于是 $PQRS$ 是平行四边形. 因此,$\triangle OPQ,\triangle OQR,\triangle OSP,\triangle ORS$ 面积相等

$$S_{\triangle OPQ}=S_{\triangle OQR}=S_{\triangle OSP}=S_{\triangle ORS} \tag{5}$$

因为 $\triangle KSP$ 与 $\triangle KNL$ 相似,相似系数为 $\frac{1}{2}$,所以它们的面积之比等于 $\frac{1}{4}$. 对另三对三角形结论类似. 故得

$$S_{\triangle KPS}=\frac{1}{4}S_{\triangle KLN}\quad S_{\triangle LPQ}=\frac{1}{4}S_{\triangle LKM}$$
$$S_{\triangle MQR}=\frac{1}{4}S_{\triangle MLN}\quad S_{\triangle NRS}=\frac{1}{4}S_{\triangle NMK}\tag{6}$$

由式(6)得

$$S_{\triangle KPS}+S_{\triangle MQR}=\frac{1}{4}S_{\triangle KLN}+\frac{1}{4}S_{\triangle MLN}=\frac{1}{4}S_{\text{四边形}KLMN}$$
$$S_{\triangle LPQ}+S_{\triangle NRS}=\frac{1}{4}S_{\triangle KLM}+\frac{1}{4}S_{\triangle NMK}=\frac{1}{4}S_{\text{四边形}KLMN}$$

于是

$$S_{\triangle KPS}+S_{\triangle MQR}=S_{\triangle LPQ}+S_{\triangle NRS}\tag{7}$$

由式(5)可得

$$S_{\triangle OSP}+S_{\triangle OQR}=S_{\triangle OPQ}+S_{\triangle ORS}\tag{8}$$

式(7),(8)相加,即得结论.引理证毕.

由引理1,2得

$$s_1+s_5=s_2+s_4\tag{9}$$
$$s_3+s_5=s_2+s_6\tag{10}$$
$$s_5+s_7=s_4+s_8\tag{11}$$
$$s_5+s_9=s_6+s_8\tag{12}$$

式(9)与式(12),式(10)与式(11)分别相加,得

$$s_1+2s_5+s_9=s_2+s_4+s_6+s_8$$
$$s_3+2s_5+s_7=s_2+s_4+s_6+s_8\tag{13}$$

于是

$$s_1+s_9=s_3+s_7\tag{14}$$

因此由式(13)得

$$s_3+s_5+s_7=s_2+s_4+s_6+s_8-s_5=S-(s_1+s_3+s_5+s_7+s_9)-s_5=$$
$$S-(s_1+s_5+s_9)-(s_3+s_5+s_7)$$

利用式(14),得

$$s_3+s_5+s_7=S-2(s_3+s_5+s_7)$$

因此
$$3(s_3+s_5+s_7)=S$$

或
$$s_3+s_5+s_7=\frac{1}{3}S$$

附注 当四边形 $ABCD$ 各边 $n(n>3)$ 等分时,类似的结论仍成立.此时,位于四边形 $ABCD$ 的一条对角线上的四边形面积之和等于 $\frac{1}{n}S_{\text{四边形}ABCD}$.

21 一场舞会有 42 人参加. 女士 A_1 与 7 个男舞伴跳过舞, 女士 A_2 与 8 个男舞伴跳过舞, …, 女士 A_n 与所有男舞伴跳过舞. 问舞会上有多少女士和男舞伴?

解 设舞会中有 n 个女士, 于是男舞伴人数是 $42-n$. 第 $k(1\leqslant k\leqslant n)$ 个女士与 $k+6$ 个男舞伴跳过舞. 因此, 第 n 个女士与 $n+6$ 个男舞伴跳过舞. 按已知条件知舞会中男舞伴总数等于 $n+6$. 于是 $42-n=n+6$. 解方程得 $n=18$. 因此舞会中有 18 个女士和 $42-18=24$ 个男舞伴.

22 已知锐角 $\triangle ABC$. 以 AB, AC 为边在形外作两个等边 $\triangle ABC'$, $\triangle ACB'$. 设点 K 和点 L 分别是边 AC' 和 $B'C$ 的中点, 点 M 是边 BC 上的一点, 适合 $BM=3MC$.

求证: $\triangle KLM$ 的三个角等于 $90°, 60°, 30°$.

证明 由已知条件可知 $\angle KAL$ 是钝角. 选取坐标系, 使点 K, L, A 有下列坐标: $K=(-a,0)$, $L=(b,0)$, $A=(0,-c)$, 这里 a, b, c 是某些正数(图 50). 我们计算点 B, C, M 的坐标.

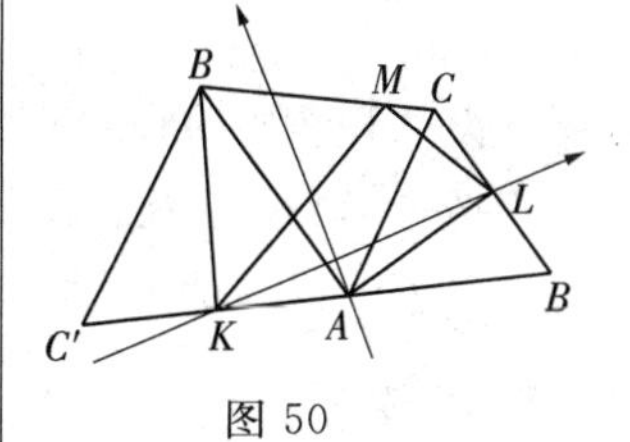

图 50

顶点 B 位于由点 K 向 AK 所作的垂线上. 此直线方程为 $ax-cy+a^2=0$. 另外

$$\frac{BK}{AK}=\tan\frac{\pi}{3}$$

或即 $(x+a)^2+y^2=3(a^2+c^2)$. 解上述两方程组成的方程组, 即得点 B 的坐标

$$B=(\sqrt{3}c-a,\sqrt{3}a)$$

顶点 C 位于由点 L 向 AL 所作的垂线上, 这直线的方程是 $bx+cy-b^2=0$. 另外

$$\frac{CL}{AL}=\tan\frac{\pi}{6}$$

或即 $(x-b)^2+y^2=\frac{1}{3}(b^2+c^2)$. 解上述两方程组成的方程组, 得 C 的坐标

$$C=\left(b-\frac{\sqrt{3}}{3}c,\frac{\sqrt{3}}{3}b\right)$$

因为点 M 位于线段 BC 上, 而且 $BM=3MC$, 所以

$$M=\frac{1}{4}B+\frac{3}{4}C=\left(\frac{1}{4}(3b-a),\frac{\sqrt{3}}{4}(a+b)\right)$$

易见 $KM\perp ML$, $\frac{KM}{ML}=\sqrt{3}=\tan\frac{\pi}{3}$, 由此可得本题结论.[①]

① 请读者用纯几何方法解本题.

23 已知空间中有一棱长为 a 的立方体以及任意半径的球 $B_1,B_2,\cdots,B_n$，立方体的每个点都属于这些球之一.

求证：从这 n 个球中可选出一些两两不相交的球，其体积之和不小于 $\left(\frac{a}{5}\right)^3$.

证明 只需对球的个数 n 用归纳法证明下列命题.

命题 已知空间图形 F 的体积为 V，而且 F 含于 n 个开球 $B_1,B_2,\cdots,B_n$ 的并集之中，那么存在球的子集 $\{B_{i_1},B_{i_2},\cdots,B_{i_r}\}$，这些球两两不相交，且体积之和大于 $\frac{1}{27}V$.

当 $n=1$ 时命题显然正确. 球 B_1 含有体积为 V 的图形 F，因而 B_1 的体积不小于 V，从而大于 $\frac{1}{27}V$.

现设命题对某个自然数 n 成立，要证明它对 $n+1$ 个开球也成立.

设体积为 V 的图形 F 含于球 $B_1,B_2,\cdots,B_{n+1}$ 的并集之中. 不失一般性，可设球 B_{n+1} 的体积 V_{n+1} 不小于其余各球的体积. 设 r 是球 B_{n+1} 的半径，球 B' 半径为 $3r$ 而且与球 B_{n+1} 同心. 那么球 B' 的体积 V' 等于 $27V_{n+1}$. 设 V_0 是立体 $F_0=\frac{F}{B'}$ 的体积. 因为图形 F_0 与球 B' 无公共点，而 F 含于 F_0 与 B' 的并集之中，所以 $V\leqslant V_0+27V_{n+1}$.

图形 F_0 的任何一点至少属于球 $B_1,B_2,\cdots,B_n$ 中的一个. 不失一般性，可设对某个满足不等式 $0\leqslant k\leqslant n$ 的 k，球 $B_1,B_2,\cdots,B_k$ 都与图形 F_0 有公共点，而球 $B_{k+1},B_{k+2},\cdots,B_n$ 都不与 F_0 相交(即无公共点). 于是 F_0 含于球 $B_1,B_2,\cdots,B_k$ 的并集之中.

球 B_{n+1} 的中心与立体 F_0 的任何点间的距离不小于 $3r$，所以球 B_{n+1} 的任何点与立体 F_0 的任何点间的距离不小于 $2r$. 球 $B_1,B_2,\cdots,B_k$ 的直径都不大于球 B_{n+1} 的直径即 $2r$. 因此，球 $B_1,\cdots,B_k$ 都不与球 B_{n+1} 相交. 球 $B_1,B_2,\cdots,B_k$ 的个数不大于 n. 因此，按归纳假设，存在它们的一个子集 $\{B_{i_1},B_{i_2},\cdots,B_{i_r}\}$，其中各球两两不相交，其体积之和大于 $\frac{1}{27}V_0$，亦即大于 $\frac{1}{27}V-V_{n+1}$. 因为球 B_{n+1} 不与球 $B_1,B_2,\cdots,B_k$ 相交，所以也不与上述子集相交，于是球 $B_{i_1},B_{i_2},\cdots,B_{i_r},B_{n+1}$ 两两不相交，且其体积之和大于 $\left(\frac{1}{27}V-V_{n+1}\right)+V_{n+1}=\frac{1}{27}V$.

24 凸多面体外切于一球，并且它的各面可用两种颜色着色，使相邻两面颜色不同.

求证：染有一种颜色的各面面积之和等于染有另一种颜色的各面面积之和.

证明 将多面体任何一面和球的切点与这面的所有顶点用线段相连，那么多面体的每个面被分成三角形，这些三角形以该面与球的切点为公共顶点，它们的另两个顶点是该面上多面体的顶点. 设$\triangle PAB$和$\triangle QAB$是两个这样分得的三角形，它们以多面体的棱AB为公共边，分别位于多面体的以AB为一边的涂色不同的两个面上. 我们证明它们面积相等.

设平面π经过球心及球与多面体的两个面的切点P,Q，那么平面π与$\triangle PAB,QAB$所在的面垂直. 因此，平面π垂直于直线AB.

设直线AB与平面π交于点C. 因为由球外一点向球所作切线长相等，所以$CP=CQ$. 另外，由C的定义可知$CP\perp AB$，$CQ\perp AB$，所以线段CP和CQ分别是$\triangle ABP$和$\triangle ABQ$的高. 因为这两个三角形有公共底边，所以面积相等.

多面体的各面可按上述方法分成三角形. 涂有同一种颜色的每个三角形与涂有另一种颜色的、并且面积与它相等的三角形之间可以建立一一对应，因此本题结论得证.

25 设$f(x),g(x)$是整系数多项式.

求证：如果对任何整数n，$f(n)$整除$g(n)$，那么$g(x)=f(x)\cdot h(x)$，这里$h(x)$是多项式. 并举例说明$h(x)$不一定是整系数多项式.

证明 先证下列引理.

引理 如果$f(x)$和$g(x)$是同次数整系数多项式，并且对任何自然数n，$f(n)$整除$g(n)$，那么存在整数c适合$g(x)=cf(x)$.

引理证明 按引理条件，对每个自然数n，存在整数a_n，适合$g(n)=a_nf(n)$. 设多项式g的次数不超过f的次数r，那么

$$f(x)=f_0+f_1x+\cdots+f_{r-1}x^{r-1}+f_rx^r$$
$$g(x)=g_0+g_1x+\cdots+g_{r-1}x^{r-1}+g_rx^r$$

其中$f_r\neq 0$，于是

$$\frac{f(n)}{n^r}=\frac{f_0}{n^r}+\frac{f_1}{n^{r-1}}+\cdots+\frac{f_{r-1}}{n}+f_r$$

由此得$\lim\limits_{n\to\infty}\frac{f(n)}{n^r}f_r$. 类似地可 证$\underset{g\to\infty}{}\frac{g(n)}{n^r}g_r$. 因为$f_r\neq 0$，故由等式

$$\frac{g(n)}{n^r}=a_n\frac{f(n)}{n^r}$$

得知序列$\{a_n\}$趋于$\frac{g_r}{f_r}$.

序列$\{a_n\}$各项是整数. 对于整数列,当且仅当从某项起它各项都等于同一个常数时才收敛.

因此,存在自然数N,使对一切$n<N,a_n=c$. 于是对于一切$n>N,g(n)=cf(n)$. 表明任何大于N的自然数n都是多项式$g(x)=cf(x)$的根. 但任何不恒等于零的多项式只有有限多个根,因此多项式$g(x)-cf(x)$恒等于零,或即$g(x)=cf(x)$,此即要证的结论.

注意,按引理,或者多项式f和g次数相等(当$c\neq 0$),或者g是恒等于零的多项式(当$c=0$). 因此,下面只需考虑g的次数大于f的次数的情形.

设g除以f的商和余式分别是h和r,那么

$$g=hf+r \tag{1}$$

其中r的次数低于f的次数.

多项式h和r系数都是有理数. 设a是多项式h和r的系数之最小公分母,那么多项式$H=ah$及$R=ar$的系数都是整数. 用a乘式(1)两边得

$$ag=Hf+R \tag{2}$$

因此ag也是整系数多项式.

显然,对任何自然数为$n,f(n)$整除$ag(n)$. 由式(2)知当$n=1,2,\cdots$数$f(n)$整除$R(n)=ag(n)-H(n)\cdot f(n)$. 因多项式$R$的次数等于$r$的次数,所以小于$f$的次数. 因此,按我们开始证明时所作的说明,多项式$R=ar$恒等于零,所以r恒等于零,故由式(1)得$g=hf$.

现举例说明多项式h的系数不一定是整数. 设$f(x)=2$, $g(x)=x^2+x$. 对任何整数$n,n+1$与n中有一为偶数,所以$g(n)=n(n+1)$是偶数. 因此,当$n=1,2,\cdots$时,$f(n)=2$整除$g(n)$,但多项式$h(x)=\frac{g(x)}{f(x)}=\frac{1}{2}x^2+\frac{1}{2}x$没有整系数.

26 飞机沿最短航线完成从奥斯陆到位于南美赤道线上某城市X间的无着陆飞行. 飞机从奥斯陆起飞,保持向西方向. 已知奥斯陆的地理坐标是:北纬59°55′,东经10°43′.

计算X城的地理坐标. 这是哪个城市?计算奥斯陆到X城的飞行距离,精确到100 km.

假定地球是一个理想球体,赤道长40 000 km,飞行高度不超过10 km.

解 球面上两点间最短距离是地球经过该两点的大圆弧(大圆圆心与球心重合).因此飞机沿经过奥斯陆的一条大圆弧飞行.因为飞机由奥斯陆起飞后始终保持向西航向,而 X 城在赤道上,所以奥斯陆是这个大圆上正北方的点,从而推知奥斯陆与 X 城经度相差 $90°$.因此,X 城位于赤道西经 $90° - 10°43' = 79°17'$.查看地图,可见在这个位置附近只有一个城市有机场可供飞机着陆,这就是厄瓜多尔首都基多.

假若飞机航线不高于地面 10 km,那么全部航程是

$$\frac{1}{4}[2\pi(R+10)] = \frac{1}{4}2\pi R + 5\pi = 10\,000 + 15 = 10\,015\text{ km}$$

这里 R 是地球半径.

附注 本题解法与奥斯陆的纬度无关.如果飞机从地球上东经 $10°43'$ 的任一点起飞,题中其余条件不变,那么飞行 10 000 km 左右,即可在基多着陆.

27 平面 Q 上的点 A',B',C',D' 是平面 P 上的点 A,B,C,D 的平行投影象,并且这八个点全不相同,任何三点不在一直线上.

求证:四面体 $ABCD'$ 和 $A'B'C'D$ 体积相等.

证明 设点 E 是直线 AC 与 BD 的交点,点 E' 是直线 $A'C'$ 与 $B'D'$ 的交点(图 51).因为点 A',B',C',D',是点 A,B,C,D 的平行投影,所以 $A'C',B'D'$ 分别是 AC,BD 的平行投影,因而点 E' 是点 E 的投影.

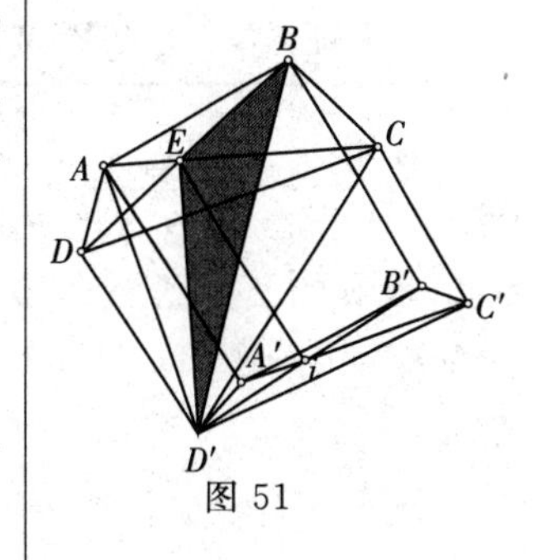

图 51

于是

$$AA' \parallel BB' \parallel CC' \parallel DD' \parallel EE' \qquad (1)$$

因此直线 AA',CC' 平行于平面 $BB'D'D$.设 h_1 和 h_2 分别是它们与平面 $BB'D'D$ 的距离.

四面体 $ABCD'$ 可看作四面体 $ABD'E$ 与 $CBD'E$ 之和.如把 $\triangle BD'E$ 作为四面体 $ABD'E$ 和 $CBD'E$ 的底,则它们的体积可表示为

$$V_{四面体ABD'E} = \frac{1}{3}h_1 S_{\triangle BD'E}, V_{四面体CBD'E} = \frac{1}{3}h_2 S_{\triangle BD'S}$$

于是,四面体 $ABCD'$ 的体积等于

$$V_{四面体ABCD'} = \frac{1}{3}(h_1 + h_2)S_{\triangle BD'E} \qquad (2)$$

四面体 $A'B'C'D$ 也可看作四面体 $A'B'DE'$ 和 $C'B'DE'$ 之和.它的体积等于

$$V_{四面体A'B'C'D} = \frac{1}{3}(h_1 + h_2)S_{\triangle B'DE'} \qquad (3)$$

由式(2),(3)可知本题归结为证明$\triangle BD'E$及$\triangle B'DE'$面积相等

$$S_{\text{四面体}BD'E}=S_{\text{四面体}B'DE'} \tag{4}$$

因为BB' // DD'(见式(1)),所以$BB'D'D$是底为BB'和DD'的梯形,而直线EE'平行于底(图52).如果直线EE'与直线BB'及DD'的距离分别是h_3及h_4,那么

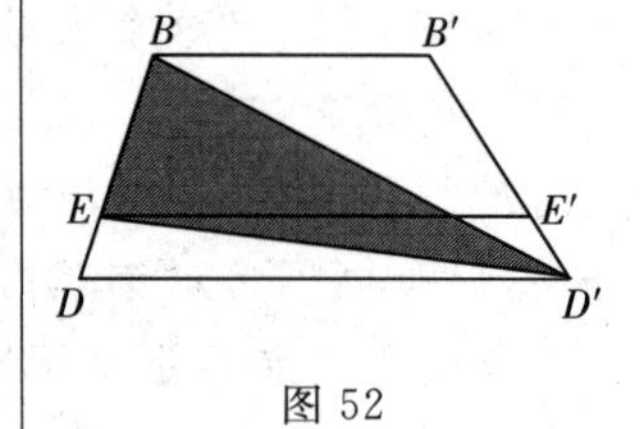

图 52

$$S_{\triangle DD'B}=\frac{1}{2}DD'\cdot(h_3+h_4),S_{\triangle DD'E}=\frac{1}{2}DD'\cdot h_4$$

因此

$$S_{\triangle BD'E}=S_{\triangle DD'B}-S_{\triangle DD'E}=\frac{1}{2}DD'\cdot h_3$$

类似地可证

$$S_{\triangle D'BE'}=\frac{1}{2}DD'\cdot h_3$$

故得式(4).

附注 上面的解法及图51,图52都是对凸四边形$ABCD$而言.如$ABCD$是非凸四边形,证法类似.

28 研究不含有任何大圆的球冠.经过球冠上两点A,B的大圆上的$\overset{\frown}{AB}$(位于球冠内)之长称A,B两点的距离.

求证:不存在等距变换把这个球冠变换为任何平面子集.

证明 设球冠所对的球心角等于α(按已知条件$0<\alpha<\pi$),而β是任一适合$0<\beta<\alpha$的角.研究棱锥$OABCD$,其底是内接于已知球冠的正方形$ABCD$,顶点O是已知球冠的球心,并且$\angle AOC=\beta$(图53).令$\angle AOD=\gamma$,点P,Q是线段AD,AC的中点.

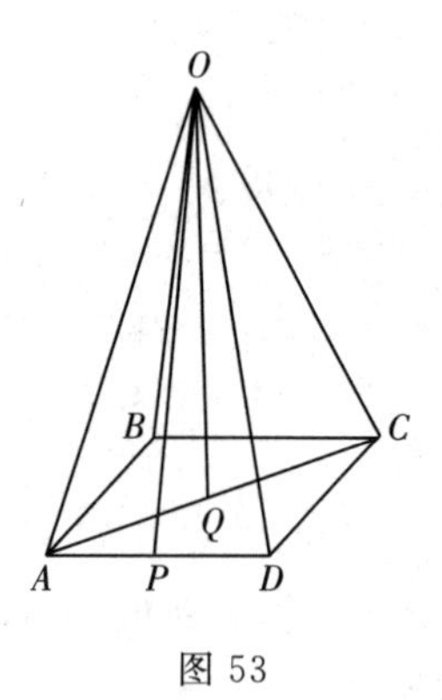

图 53

易见

$$AQ=\sqrt{2}AP$$

$$AP=AO\sin\angle AOP=AO\sin\frac{\gamma}{2}$$

$$AQ=AO\sin\angle AOQ=AO\sin\frac{\beta}{2}$$

于是

$$\sin\frac{\beta}{2}=\sqrt{2}\sin\frac{\gamma}{2} \tag{1}$$

如果R是球冠的球半径,那么球冠上点A与点C,点B与点D间的距离等于$R\beta$,点A与点B,点B与点C,点C与点D,点D与点A间的距离等于$R\gamma$.

如果存在由球冠到某个平面点集的等距变换φ,那么$\varphi(A)\varphi(B)\varphi(C)\varphi(D)$是平面四边形,其中$\varphi(A)\varphi(B)=\varphi(B)\varphi(C)=$

$\varphi(C)\varphi(D)=\varphi(D)\varphi(A)=R\gamma$. 因此,$\varphi(A)\varphi(B)\varphi(C)\varphi(D)$ 是菱形. 因为对角线 $\varphi(A)\varphi(C)$ 与 $\varphi(B)\varphi(D)$ 等于 $R\beta$, 所以 $\varphi(A)\varphi(B)\varphi(C)\varphi(D)$ 是正方形,因而 $\varphi(A)\varphi(C)=\sqrt{2}\varphi(A)\varphi(B)$, 或者

$$\beta=\sqrt{2}\gamma \tag{2}$$

由式(1),(2) 可知,对任何适合不等式 $0<\beta<\alpha$ 的角 β,有 $\sin\frac{\beta}{2}=\sqrt{2}\sin\frac{\beta}{2\sqrt{2}}$. 特别,用 $\frac{\beta}{\sqrt{2}}$ 代 β,得 $\sin\frac{\beta}{2\sqrt{2}}=\sqrt{2}\sin\frac{\beta}{4}$. 比较这两式得 $\sin\frac{\beta}{2}=2\sin\frac{\beta}{4}$. 另一方面,$\sin\frac{\beta}{2}=2\sin\frac{\beta}{4}\cos\frac{\beta}{4}$,所以 $\cos\frac{\beta}{4}=1$,但因 $0<\frac{\beta}{4}<\frac{\alpha}{4}<\frac{\pi}{4}$,所以这不可能.

所得矛盾表明,不存在等距变换 φ 把球冠变换为平面子集.

29 圆 T 位于圆 S 内,圆 $K_1,K_2,\cdots,K_n$ 位于这两圆之间,分别与圆 S 内切,与圆 T 外切,并且圆 K_1 与圆 K_2 相切,圆 K_2 与圆 K_3 相切,…,圆 K_n 与圆 K_1 相切.

求证:圆 K_1 与 K_2,K_2 与 K_3,…… 之切点在一个圆上

证明 设 S 和 T 是同心圆. 我们证明:圆 K_1 与 K_2,K_2 与 K_3,… 的切点与同心圆圆心 O 等距.

设 $A_i(i=1,2,\cdots)$ 是圆 K_i 与圆 T 的切点,点 B_i 是圆 K_i 与 K_{i+1} 的切点,点 C_i 是圆 K_i 与 S 的切点,点 O_i 是圆 K_i 的中心,r,R 分别是圆 T,S 的半径(图 54). 于是圆 K_i 的半径等于 $\frac{1}{2}A_iC_i=\frac{1}{2}(R-r)$,亦即所有的圆 $K_1,K_2,\cdots$ 半径相等. 因此,点 B_i 是线段 O_iO_{i+1} 的中点,而 $\angle OB_iO_i$ 是直角. 由勾股定理得

$$OB_i^2=OO_i^2-O_iB_i^2=(OO_i+O_iB_i)(OO_i-O_iB_i)=$$
$$(OO_i+O_iC_i)(OO_i-O_iA_i)=CC_i\cdot OA_i=Rr$$

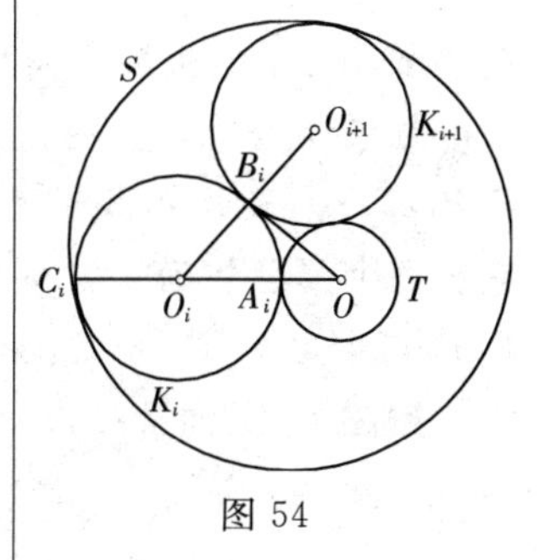

图 54

这表明 $OB_1=OB_2=\cdots=\sqrt{Rr}$,故点 $B_1,B_2,\cdots$ 与点 O 等距.

现设圆 S 与 T 不同心. 因圆 T 在圆 S 内,故存在圆 K,在关于它的反演变换 φ 下,圆 S 和 T 变为同心圆,且圆 K 的中心 P 在圆 S 外. [①]

反演 φ 是任何两个不含点 P 的平面点集间的一一变换,它把任何不经过点 P 的圆变为不经过点 P 的圆. 反演变换 φ 的逆变换是其本身,亦即对任何点 $A\neq P$,$\varphi[\varphi(A)]=A$.

因此,圆 $S'=\varphi(S)$ 与 $T'=\varphi(T)$ 同心,而与圆 S,T 相切的圆 $K_1,K_2,\cdots$ 变为与圆 S',T' 相切的圆 $K_1',K_2',\cdots$. 此时圆 S' 含有圆 T',而点 P 在圆 S' 外. 另外,圆 K_1' 与圆 K_2' 相切,圆 K_2' 与圆 K_3'

相切等. 因为圆 S' 和 T' 同心，所以由前面所证，圆 K'_1 与 K'_2，K'_2 与 K'_3，…… 的切点在同一个圆 L' 上，且 L' 在 S' 外. 因此圆 L' 不经过点 P，从而 $\varphi(L')$ 是圆.

再次作反演变换 φ，可知圆 $\varphi(K'_1)=K_1$ 与 $\varphi(K'_2)=K_2$，$\varphi(K'_2)=K_2$ 与 $\varphi(K'_3)=K_3$，…… 的切点在同一个圆 $\varphi(L')$ 上.

30 平面上有六点，任何三点都是一个不等边三角形的顶点.

求证：这些三角形中一个的最短边同时是另一个三角形的最长边.

证明 设点 $P_1,P_2,\cdots,P_6$ 是已知点. 在每个 $\triangle P_iP_jP_k$ 中，把最短边涂红色. 于是每个三角形中一条边变红色，其余边未涂色.

只需证明，在以已知点为顶点的三角形中有一个三边都被涂成红色. 事实上，因为这个三角形的最长边被涂红，所以同时是另一个三角形的最短边. 以每个点可作 5 条线段与其余已知点相连. 因此，这 5 条线段中或者至少有 3 条被涂色，或者至少有 3 条未涂色.

如果经过点 P_1 的 5 条线段中至少有 3 条(例如，线段 P_1P_2，P_1P_3，P_1P_4) 涂红，那么在由这三条线段的另一端点为顶点的 $\triangle P_2P_3P_4$ 中，至少有一边(最短边) 涂红. 例如，设是边 P_2P_3. 那么 $\triangle P_1P_2P_3$ 三边都被涂红.

如果经过点 P_1 的线段中至少有 3 条未涂红(例如，线段 P_1P_2，P_1P_3，P_1P_4)，我们来研究 $\triangle P_1P_2P_3$，$\triangle P_1P_2P_4$，$\triangle P_1P_3P_4$. 它们每个都至少有一边是红的，但这边不经过点 P_1. 因此，线段 P_2P_3，P_2P_4，P_3P_4 是红的，即 $\triangle P_2P_3P_4$ 各边都是红色.

附注 上面解法没有用已知点在一平面上的假设.

---

① 关于反演，请见第 2 届波兰数学竞赛题第 6 题问答的解答中的Ⅱ. 点 P 应取在圆 S 和 T 的中心线上，并且在圆 S 外. 圆 K 的半径可任取，例如取为 1. 以点 P 为坐标原点，S 和 T 的中心线为 OX 轴(正向指向这些圆). 那么 OX 轴与圆 S,T 的交点的横坐标为

$$x,x+2R,x+a,x+a+2r,$$

其中 $x>0,a>0,b=2R-a-2r>0$. 如将点 P 取在 S 的适当的一侧，可设 $a<b$.

经过反演变换 φ，这些点的象仍在 OX 轴上，其横坐标为

$$\frac{1}{x},\frac{1}{x+2R},\frac{1}{x+a},\frac{1}{x+a+2r}$$

如果

$$\frac{1}{x}-\frac{1}{x+a}=\frac{1}{x+a+2r}-\frac{2}{x+2R} \qquad (1)$$

或者

$$a(x+a+2r)(x+2R)=x(x+a)b \qquad (2)$$

则圆 $\varphi(S)$ 与 $\varphi(T)$ 为同心圆. 因 $b>a$，故当 $x=0$ 时，式(2) 左边大于右边，当 x 为大的正数，则右边大于左边. 因此，二次方程(2) 有唯一的正根 x 适合方程(1). 因此，这里所要的圆 K 确实存在.

译后记

本书译自苏联世界出版社1978年出版的《Польские Математические Олимпиады》(译自波兰文,俄译者是Ю. А. Данилов),书中收集了1964～1976年第16～27届波兰全国数学奥林匹克的试题和解答.

波兰全国数学奥林匹克由波兰数学协会举办,开始于1949年.每届竞赛包括24道试题,分三试.第一试于每学年第一天开始,延续三个月.在这三个月中,应试者于每月初领取4道试题,于一个月内在家完成.第二试集中于若干考点进行,历时两天,每天在5小时内完成3道试题.第三试集中于首都华沙进行,试题数量及考试时间同第二试.在历届竞赛优胜者中,有的后来成为知名学者.

本书由波兰学者编著,编著之一C·斯特拉谢维奇教授主持数学奥林匹克委员会达20余年之久.正文部分共102道题,多数选自第三试题,少数选自第一试题和第二试题.附录部分30道题,系选自1970～1976年各届竞赛第一、二试题.这些试题的内容除包含传统的初等数学外,还涉及不少高等数学知识,例如微积分、高等代数、数论、图论、组合论、凸体论等.在解答中,不仅使用了通常的初等数学工具,而且应用了向量代数、集论、画法几何等方法.解答相当详尽,许多题解后增加了"附注",这对扩大读者知识面、活跃思路很有助益.原书及俄译本对题解中涉及的一些定理给出了参考文献,为方便我国读者,除少数没有相应的中文文献的定理外,都改引中文资料.有些题的解法看来并不是最佳的,读者可以给出更好的解法.

本书于1981年翻译出版.现在对原译稿做了一些修改,重新排版印发,以满足读者的需要.限于译者水平,译文不当之处(甚至版误)在所难免,欢迎读者批评指正.

译者

2015年1月于北京

⊙编辑手记

本书是一本关于波兰中学生数学竞赛的老书,在20世纪初由中国科学院数学研究所朱尧辰先生编译.

在20世纪50年代"社会主义大家庭"时期,中国流传过一首波兰歌曲:"左边是桥,右边是桥,维斯瓦河就在我们面前……"说的就是波兰的母亲河维斯瓦河,它从旧都克拉科夫,新都华沙一直流向港都格但斯克.近年波兰同中国一样开始了改革,不过两国采取的路径不同,中国采取的是渐近式的改革,逐渐进入深水区,然而波兰采取的是休克疗法,现在看效果不错.

中国和波兰两国的数学传统不同,后来发展的路径也不同,不过在国际上波兰的水准似乎更高一些,在沃尔夫奖中有两位是波兰裔的.一位是1985年由偏微分方程的杰出工作而获奖的H·卢伊,另一位是1986年因代数拓扑学、同调代数、范畴论、自动机理论而获奖的S·艾伦伯格(S·Eilenberg).对波兰数学学派的崛起,华东师范大学的张奠宙教授有详尽的描述:

产生过哥白尼(Copernicus)和肖邦(Chopin)的波兰民族是伟大的.20世纪20年代起,波兰数学学派突然崛起,成为举世瞩目的新星.人们不禁要问:在一个曾被普鲁士、奥地利、沙俄三次瓜分的国度里怎么会出现像希尔宾斯基(Sierpinski,1882—1969)、巴拿赫(Banach)、乌拉姆(Ulam)这样举世闻名的数学家?波兰学派成长的秘诀何在?

让我们回顾第一次大战以前波兰的情况.当时波兰分属德、奥、俄三国.在德占区,波兰文化被摧残殆尽,甚至连初等教育也不用波兰语.俄占区的情况也一样糟,直到1905年俄国革命运动高涨以后,情况才有所改善.华沙(属俄占区)青年抵制俄国人办的大学.爱国主义的传统,不屈不挠的斗争,终于获得了在中学和小学里用波兰语教学的权利.在奥占区情况比较好.那里的克拉科夫和里沃夫各有一所大学,继承了波兰的科学传统.在里沃夫还有一所技术大学.不过,许多波兰人还是到国外求学.比较著名的教授如亚尼雪夫斯基(Janiszewski)在巴黎大学,由庞加莱(Poincare)、勒贝格(Lebesgue)、弗雷歇(Frechet)等人指导获得博士学位.马祖凯维奇(Mazurkiewicz,1888—1945)、斯坦因豪斯(Steinhauss,1887—1972)、希尔宾斯基都在哥廷根学过数学.

第一次大战给波兰学术界带来了急剧的变化.1915年8月,沙俄军队退出华沙.同年12月,波兰人自己管理的华沙大学和华沙技术大学创办起来了.亚尼雪夫斯基和马祖凯维奇应聘为华沙大学新生数学教授.希尔宾斯基当时在莫斯科,1918年回到华沙大学.他们三人都对拓扑学感兴趣,形成了一个点集拓扑学、集合论的研究中心.但是整个波兰的研究还是五花八门.第一次大战前,在波兰人办的克拉科夫大学和里沃夫大学有四个数学教授,却从事完全不同的领域:普祖纳(J·Puzyna)——解析函数,希尔宾斯基——数论和集论,扎列姆巴(Zaremba)——微分方程,佐拉夫斯基(Zorawski)——微分几何.这样分散的状况对于形成学派是十分不利的.

1918年,华沙出版了论文集《波兰科学,它的需求、组织和发展》.其中收有亚尼雪夫斯基写的《波兰数学的需求》,这是形成波兰学派的一个纲领性文件.他在文中写道:"要把波兰的科学力量集中在一块相对狭小的领域里,这个领域应该是波兰数学家共同感兴趣的,而且还是波兰人已经取得了世界公认成就的领域."这意思是说,要集中力量.

"对一个研究者来说,合作者几乎是不可少的.孤立的环境多半会使他一事无成.……孤立的研究者知道的只是研究的结果,即成熟的想法,却不知道这些想法是怎样和什么时候搞出来的."这意思是说,要建立国内的科研集体.

亚尼雪夫斯基还指出,形成学派还必须有阵地——办好一个有特色的自己的数学杂志.

提出上述见解两年之后,1920年亚尼雪夫斯基不幸死于流行性感冒,亚尼雪夫斯基32岁.然而正是这一见解被波兰数学界所接受且坚持实践,一个令人瞩目的波兰学派在20世纪20年代果然出现在地平线上.这也许是自觉地、有计划地形成学派的罕见的成功例子,值得人们借鉴.

波兰学派可分为两支:华沙学派和里沃夫学派.

华沙的重点是点集拓扑、集论、数学基础、数理逻辑.1918年,在华沙大学以希尔宾斯基会同亚尼雪夫斯基和马祖凯维奇为首搞了个讨论班,把有才华的青年都集中到这一方向上来.后来成名的有萨克斯(Sacks)、库拉托夫斯基(Kuratowski)、塔尔斯基(Tarski)、齐格蒙特(Zygmund)等人.1920年,亚尼雪夫斯基编辑一个专业性的数学杂志,名为《Foundamenta Mathematicae》(《数学基础》),未及出版,亚尼雪夫斯基就去世了,由希尔宾斯基和马祖凯维奇接任.

第一卷《Foundamenta》的出版可以看成是华沙学派形成的标志.最初几卷质量很好,虽然都是波兰人写的,却都用法语和英语写就.独立的波兰刚刚获得为之奋斗几个世纪的用波兰语写作的权利,但为了扩大波兰数学的国际影响,毅然用外语发表论文,这是颇有见地的.由于《Foundamenta》只登涉及数学基础部分的文章,不少人担心是否能组织到高质量的论文,勒贝格在致希尔宾斯基的信中表示过这样的担心,他还提出了一个非常好的建议:希望杂志不要只登集合论本身,而要登集合论的应用.这个意见很起作用.集合论在泛函分析方面的应用导致在里沃夫产生另一个专业杂志《Studia Mathematica》(《数学研究》).

《Foundamenta》不久就成为一份真正的国际性的数学杂志.1935年,为庆祝创刊15周年出版了特辑.人们称誉这本杂志的历史就是现代点集论和函数论的发展史,这是当时吸引国际注意和合作的唯一的专业性期刊.在这本特辑上,马柴夫斯基(Marczwski)写道:"波兰一向拥有伟大的人物,他们往往工作得十分成功,能够属于整个领域和那一时代的亦非少见,但是,现在的波兰数学家不仅有杰出的个人,而且有一个人数众多组织起来的全力进行创造性科学工作的团体,它已经有了自己的数学学派."

亚尼雪夫斯基的想法不仅被华沙的数学家所接受,也得到里沃夫同行们的赞同.几年之后,由巴拿赫和斯坦因豪斯领导的泛函分析研究中心在里沃夫成立.

巴拿赫于1892年3月30日生于克拉科夫.幼年家贫,后进入里沃夫技术大学,大战时辍学.1916年他和数学家尼科亨(Nikodym)在克拉科夫的公园里谈论"勒贝格积分"时被斯坦因豪斯听到,两人结识.斯坦因豪斯告诉他日思夜想的一个问题,巴拿赫不久便获得了解答.他们两人联合发表了第一篇论文.到1920年,巴拿赫成为里沃夫技术大学的助教,同年,取得博士学位,论文发表在《Foundamenta》上.1922年,巴拿赫又发表了《Sur les opérationdans les ensembles abstratits et lure application aux équations intgrales(抽象集合上算子及其在积分方程上的应用)》.这是20世纪最重要的论文之一.为泛函分析奠定了基础.1932年,巴拿赫写了最著名的著作《Theórie des Opérations linéaire(线性算子理论)》,泛函分析至此已经成熟.第二次大战时,他在一个预防伤寒病的研究所里靠喂养虱子度日.1945年,解放后不久,他就身染重病,死于肺癌.

斯坦因豪斯于1887年出生于一个知识分子家庭,到哥廷根受过希尔伯特(Hilbert)等人的教育.他比巴拿赫年长5岁,两人合作得很好.他最出名的工作是泛函分析中的一致有界原理,通称巴拿赫一斯坦因豪斯定理.他写的数学科普读物《数学万花镜》被译成各国文字广为人知.他于1972年去世.

里沃夫学派诞生的标志是出版《Studia Mathematica》.它于1929年创刊,主要刊登泛函分析方面的文章.里沃夫学派的其他成员都是巴拿赫、斯坦因豪斯的学生,其中有马祖尔(Mazuer)、奥利奇(Orlicz)、肖德尔(Shauder,1896—1943,泛函分析学家)等.后来都是泛函分析方面的著名学者.

巴拿赫领导里沃夫学派的一种研究方式颇为别致:到"苏格兰咖啡馆"去喝咖啡.毕业于里沃夫技术大学的乌拉姆,后来曾写过《苏格兰咖啡馆回忆》一文,记述了当时的情况.在讨论中,新问题不断提出来.他们把问题记在咖啡馆的一本笔记本上,侍者也乐意每天代为保管.以后,这些本子不可思议地由巴拿赫夫人从战火中保存下来并整理成一本名为《苏格兰文集》的书出版,里面的许多问题至今没有解决.至此,我们不能不记起亚尼雪夫斯基在1918年时的设想:有一个好的数学环境,大量数学成果就会在这种"高炉"中产生出来.

1937年,在数学家会议上通过了一个报告"论波兰数学的现状与需要",宣布"波兰学派的第一个发展阶段已经结束.……今后一方面要继续保持已取得的一些领域的领先地位,一方面要加强代数、几何等薄弱学科的研究工作并把应用数学的水平提高到能够回答其他学科所提出问题的水准."

然而,仅仅过了两年,纳粹侵入波兰,仅接着的是一场浩劫.战争中病死、被杀、失踪了许多数学家,数目将近总数的一半.博士以上的总计有22人,其中马祖凯维奇、肖德尔、萨克斯(1897—1943,以积分论出名)等更为世人所知.波兰学派的创始人之一马祖凯维奇以及巴拿赫都在1945年胜利之时逝世,他们都受到重重迫害,是间接牺牲的数学家.另有一些极有成就的科学家离开波兰到了国外.后来成名的乌拉姆、艾伦伯格(Eilenberg)、塔尔斯基、齐格蒙特、卡克(Kac),阿隆查恩(Aronszajn)等都是一代名家.

战后,希尔宾斯基、斯坦因豪斯、库拉托夫斯基活下来并重建波兰学派.希尔宾斯基是波兰学派中最年长的一位.他一直编辑《Foundamenta》,个人的工作在数论、拓扑学和集合论方面,尤以关于连续统假设的研究著名于世.斯坦因豪斯于1972年去世之后,库拉托夫斯基是最后的元老,他生于1896年,以拓扑学研究为人所知,1963～1966年他是国际数学家会议副主席.

今天,波兰的数学仍然相当发达,《Foundamenta》和《Studia》仍在继续出版,并为世人瞩目,但由于二次大战的洗劫失去了一代人,现在已没有像巴拿赫那样声誉卓著的大师了.波兰数学的新希望将放在青年一代身上,然而,当年波兰数学派崛起的经过将永远地留给人们可贵的启示.

同样,波兰中学生数学竞赛的优秀试题也会给我国中学生带来可贵的启示.

刘培杰

2015年1月25日于

哈工大

哈尔滨工业大学出版社刘培杰数学工作室已出版(即将出版)图书目录

书　　名	出版时间	定　价	编号
新编中学数学解题方法全书(高中版)上卷	2007－09	38.00	7
新编中学数学解题方法全书(高中版)中卷	2007－09	48.00	8
新编中学数学解题方法全书(高中版)下卷(一)	2007－09	42.00	17
新编中学数学解题方法全书(高中版)下卷(二)	2007－09	38.00	18
新编中学数学解题方法全书(高中版)下卷(三)	2010－06	58.00	73
新编中学数学解题方法全书(初中版)上卷	2008－01	28.00	29
新编中学数学解题方法全书(初中版)中卷	2010－07	38.00	75
新编中学数学解题方法全书(高考复习卷)	2010－01	48.00	67
新编中学数学解题方法全书(高考真题卷)	2010－01	38.00	62
新编中学数学解题方法全书(高考精华卷)	2011－03	68.00	118
新编平面解析几何解题方法全书(专题讲座卷)	2010－01	18.00	61
新编中学数学解题方法全书(自主招生卷)	2013－08	88.00	261
数学眼光透视	2008－01	38.00	24
数学思想领悟	2008－01	38.00	25
数学应用展观	2008－01	38.00	26
数学建模导引	2008－01	28.00	23
数学方法溯源	2008－01	38.00	27
数学史话览胜	2008－01	28.00	28
数学思维技术	2013－09	38.00	260
从毕达哥拉斯到怀尔斯	2007－10	48.00	9
从迪利克雷到维斯卡尔迪	2008－01	48.00	21
从哥德巴赫到陈景润	2008－05	98.00	35
从庞加莱到佩雷尔曼	2011－08	138.00	136
数学解题中的物理方法	2011－06	28.00	114
数学解题的特殊方法	2011－06	48.00	115
中学数学计算技巧	2012－01	48.00	116
中学数学证明方法	2012－01	58.00	117
数学趣题巧解	2012－03	28.00	128
三角形中的角格点问题	2013－01	88.00	207
含参数的方程和不等式	2012－09	28.00	213

哈尔滨工业大学出版社刘培杰数学工作室已出版(即将出版)图书目录

书　　名	出版时间	定　价	编号
数学奥林匹克与数学文化(第一辑)	2006－05	48.00	4
数学奥林匹克与数学文化(第二辑)(竞赛卷)	2008－01	48.00	19
数学奥林匹克与数学文化(第二辑)(文化卷)	2008－07	58.00	36′
数学奥林匹克与数学文化(第三辑)(竞赛卷)	2010－01	48.00	59
数学奥林匹克与数学文化(第四辑)(竞赛卷)	2011－08	58.00	87
数学奥林匹克与数学文化(第五辑)	2014－09		370

书　　名	出版时间	定　价	编号
发展空间想象力	2010－01	38.00	57
走向国际数学奥林匹克的平面几何试题诠释(上、下)(第1版)	2007－01	68.00	11,12
走向国际数学奥林匹克的平面几何试题诠释(上、下)(第2版)	2010－02	98.00	63,64
平面几何证明方法全书	2007－08	35.00	1
平面几何证明方法全书习题解答(第1版)	2005－10	18.00	2
平面几何证明方法全书习题解答(第2版)	2006－12	18.00	10
平面几何天天练上卷・基础篇(直线型)	2013－01	58.00	208
平面几何天天练中卷・基础篇(涉及圆)	2013－01	28.00	234
平面几何天天练下卷・提高篇	2013－01	58.00	237
平面几何专题研究	2013－07	98.00	258
最新世界各国数学奥林匹克中的平面几何试题	2007－09	38.00	14
数学竞赛平面几何典型题及新颖解	2010－07	48.00	74
初等数学复习及研究(平面几何)	2008－09	58.00	38
初等数学复习及研究(立体几何)	2010－06	38.00	71
初等数学复习及研究(平面几何)习题解答	2009－01	48.00	42
世界著名平面几何经典著作钩沉——几何作图专题卷(上)	2009－06	48.00	49
世界著名平面几何经典著作钩沉——几何作图专题卷(下)	2011－01	88.00	80
世界著名平面几何经典著作钩沉(民国平面几何老课本)	2011－03	38.00	113
世界著名解析几何经典著作钩沉——平面解析几何卷	2014－01	38.00	273
世界著名数论经典著作钩沉(算术卷)	2012－01	28.00	125
世界著名数学经典著作钩沉——立体几何卷	2011－02	28.00	88
世界著名三角学经典著作钩沉(平面三角卷Ⅰ)	2010－06	28.00	69
世界著名三角学经典著作钩沉(平面三角卷Ⅱ)	2011－01	38.00	78
世界著名初等数论经典著作钩沉(理论和实用算术卷)	2011－07	38.00	126
几何学教程(平面几何卷)	2011－03	68.00	90
几何学教程(立体几何卷)	2011－07	68.00	130
几何变换与几何证题	2010－06	88.00	70
计算方法与几何证题	2011－06	28.00	129
立体几何技巧与方法	2014－04	88.00	293
几何瑰宝——平面几何500名题暨1000条定理(上、下)	2010－07	138.00	76,77
三角形的解法与应用	2012－07	18.00	183
近代的三角形几何学	2012－07	48.00	184
一般折线几何学	即将出版	58.00	203
三角形的五心	2009－06	28.00	51
三角形趣谈	2012－08	28.00	212
解三角形	2014－01	28.00	265
三角学专门教程	2014－09	28.00	387
距离几何分析导引	2015－02	68.00	446

哈尔滨工业大学出版社刘培杰数学工作室 已出版(即将出版)图书目录

书　名	出版时间	定　价	编号
圆锥曲线习题集(上册)	2013—06	68.00	255
圆锥曲线习题集(中册)	2015—01	78.00	434
圆锥曲线习题集(下册)	即将出版		
俄罗斯平面几何问题集	2009—08	88.00	55
俄罗斯立体几何问题集	2014—03	58.00	283
俄罗斯几何大师——沙雷金论数学及其他	2014—01	48.00	271
来自俄罗斯的5000道几何习题及解答	2011—03	58.00	89
俄罗斯初等数学问题集	2012—05	38.00	177
俄罗斯函数问题集	2011—03	38.00	103
俄罗斯组合分析问题集	2011—01	48.00	79
俄罗斯初等数学万题选——三角卷	2012—11	38.00	222
俄罗斯初等数学万题选——代数卷	2013—08	68.00	225
俄罗斯初等数学万题选——几何卷	2014—01	68.00	226
463个俄罗斯几何老问题	2012—01	28.00	152
近代欧氏几何学	2012—03	48.00	162
罗巴切夫斯基几何学及几何基础概要	2012—07	28.00	188
用三角、解析几何、复数、向量计算解数学竞赛几何题	2015—03	48.00	455
美国中学几何教程	2015—04	88.00	458
三线坐标与三角形特征点	2015—04	98.00	460
超越吉米多维奇——数列的极限	2009—11	48.00	58
超越普里瓦洛夫——留数卷	2015—01	28.00	437
Barban Davenport Halberstam 均值和	2009—01	40.00	33
初等数论难题集(第一卷)	2009—05	68.00	44
初等数论难题集(第二卷)(上、下)	2011—02	128.00	82,83
谈谈素数	2011—03	18.00	91
平方和	2011—03	18.00	92
数论概貌	2011—03	18.00	93
代数数论(第二版)	2013—08	58.00	94
代数多项式	2014—06	38.00	289
初等数论的知识与问题	2011—02	28.00	95
超越数论基础	2011—03	28.00	96
数论初等教程	2011—03	28.00	97
数论基础	2011—03	18.00	98
数论基础与维诺格拉多夫	2014—03	18.00	292
解析数论基础	2012—08	28.00	216
解析数论基础(第二版)	2014—01	48.00	287
解析数论问题集(第二版)	2014—05	88.00	343
解析几何研究	2015—01	38.00	425
初等几何研究	2015—02	58.00	444
数论入门	2011—03	38.00	99
代数数论入门	2015—03	38.00	448
数论开篇	2012—07	28.00	194
解析数论引论	2011—03	48.00	100

哈尔滨工业大学出版社刘培杰数学工作室已出版(即将出版)图书目录

书　　名	出版时间	定　价	编号
复变函数引论	2013－10	68.00	269
伸缩变换与抛物旋转	2015－01	38.00	449
无穷分析引论(上)	2013－04	88.00	247
无穷分析引论(下)	2013－04	98.00	245
数学分析	2014－04	28.00	338
数学分析中的一个新方法及其应用	2013－01	38.00	231
数学分析例选:通过范例学技巧	2013－01	88.00	243
三角级数论(上册)(陈建功)	2013－01	38.00	232
三角级数论(下册)(陈建功)	2013－01	48.00	233
三角级数论(哈代)	2013－06	48.00	254
基础数论	2011－03	28.00	101
超越数	2011－03	18.00	109
三角和方法	2011－03	18.00	112
谈谈不定方程	2011－05	28.00	119
整数论	2011－05	38.00	120
随机过程(Ⅰ)	2014－01	78.00	224
随机过程(Ⅱ)	2014－01	68.00	235
整数的性质	2012－11	38.00	192
初等数论 100 例	2011－05	18.00	122
初等数论经典例题	2012－07	18.00	204
最新世界各国数学奥林匹克中的初等数论试题(上、下)	2012－01	138.00	144,145
算术探索	2011－12	158.00	148
初等数论(Ⅰ)	2012－01	18.00	156
初等数论(Ⅱ)	2012－01	18.00	157
初等数论(Ⅲ)	2012－01	28.00	158
组合数学	2012－04	28.00	178
组合数学浅谈	2012－03	28.00	159
同余理论	2012－05	38.00	163
丢番图方程引论	2012－03	48.00	172
平面几何与数论中未解决的新老问题	2013－01	68.00	229
法雷级数	2014－08	18.00	367
代数数论简史	2014－11	28.00	408
摆线族	2015－01	38.00	438
拉普拉斯变换及其应用	2015－02	38.00	447
历届美国中学生数学竞赛试题及解答(第一卷)1950－1954	2014－07	18.00	277
历届美国中学生数学竞赛试题及解答(第二卷)1955－1959	2014－04	18.00	278
历届美国中学生数学竞赛试题及解答(第三卷)1960－1964	2014－06	18.00	279
历届美国中学生数学竞赛试题及解答(第四卷)1965－1969	2014－04	28.00	280
历届美国中学生数学竞赛试题及解答(第五卷)1970－1972	2014－06	18.00	281
历届美国中学生数学竞赛试题及解答(第七卷)1981－1986	2015－01	18.00	424

哈尔滨工业大学出版社刘培杰数学工作室已出版(即将出版)图书目录

书　　名	出版时间	定　价	编号
历届 IMO 试题集(1959—2005)	2006—05	58.00	5
历届 CMO 试题集	2008—09	28.00	40
历届中国数学奥林匹克试题集	2014—10	38.00	394
历届加拿大数学奥林匹克试题集	2012—08	38.00	215
历届美国数学奥林匹克试题集:多解推广加强	2012—08	38.00	209
历届波兰数学竞赛试题集.第1卷,1949～1963	2015—03	18.00	453
历届波兰数学竞赛试题集.第2卷,1964～1976	2015—03	18.00	454
保加利亚数学奥林匹克	2014—10	38.00	393
圣彼得堡数学奥林匹克试题集	2015—01	48.00	429
历届国际大学生数学竞赛试题集(1994—2010)	2012—01	28.00	143
全国大学生数学夏令营数学竞赛试题及解答	2007—03	28.00	15
全国大学生数学竞赛辅导教程	2012—07	28.00	189
全国大学生数学竞赛复习全书	2014—04	48.00	340
历届美国大学生数学竞赛试题集	2009—03	88.00	43
前苏联大学生数学奥林匹克竞赛题解(上编)	2012—04	28.00	169
前苏联大学生数学奥林匹克竞赛题解(下编)	2012—04	38.00	170
历届美国数学邀请赛试题集	2014—01	48.00	270
全国高中数学竞赛试题及解答.第1卷	2014—07	38.00	331
大学生数学竞赛讲义	2014—09	28.00	371
高考数学临门一脚(含密押三套卷)(理科版)	2015—01	24.80	421
高考数学临门一脚(含密押三套卷)(文科版)	2015—01	24.80	422
整函数	2012—08	18.00	161
多项式和无理数	2008—01	68.00	22
模糊数据统计学	2008—03	48.00	31
模糊分析学与特殊泛函空间	2013—01	68.00	241
受控理论与解析不等式	2012—05	78.00	165
解析不等式新论	2009—06	68.00	48
反问题的计算方法及应用	2011—11	28.00	147
建立不等式的方法	2011—03	98.00	104
数学奥林匹克不等式研究	2009—08	68.00	56
不等式研究(第二辑)	2012—02	68.00	153
初等数学研究(Ⅰ)	2008—09	68.00	37
初等数学研究(Ⅱ)(上、下)	2009—05	118.00	46,47
中国初等数学研究　2009卷(第1辑)	2009—05	20.00	45
中国初等数学研究　2010卷(第2辑)	2010—05	30.00	68
中国初等数学研究　2011卷(第3辑)	2011—07	60.00	127
中国初等数学研究　2012卷(第4辑)	2012—07	48.00	190
中国初等数学研究　2014卷(第5辑)	2014—02	48.00	288
数阵及其应用	2012—02	28.00	164
绝对值方程—折边与组合图形的解析研究	2012—07	48.00	186
不等式的秘密(第一卷)	2012—02	28.00	154
不等式的秘密(第一卷)(第2版)	2014—02	38.00	286
不等式的秘密(第二卷)	2014—01	38.00	268

哈尔滨工业大学出版社刘培杰数学工作室已出版(即将出版)图书目录

书　　名	出版时间	定　价	编号
初等不等式的证明方法	2010－06	38.00	123
初等不等式的证明方法(第二版)	2014－11	38.00	407
数学奥林匹克在中国	2014－06	98.00	344
数学奥林匹克问题集	2014－01	38.00	267
数学奥林匹克不等式散论	2010－06	38.00	124
数学奥林匹克不等式欣赏	2011－09	38.00	138
数学奥林匹克超级题库(初中卷上)	2010－01	58.00	66
数学奥林匹克不等式证明方法和技巧(上、下)	2011－08	158.00	134,135
近代拓扑学研究	2013－04	38.00	239
新编 640 个世界著名数学智力趣题	2014－01	88.00	242
500 个最新世界著名数学智力趣题	2008－06	48.00	3
400 个最新世界著名数学最值问题	2008－09	48.00	36
500 个世界著名数学征解问题	2009－06	48.00	52
400 个中国最佳初等数学征解老问题	2010－01	48.00	60
500 个俄罗斯数学经典老题	2011－01	28.00	81
1000 个国外中学物理好题	2012－04	48.00	174
300 个日本高考数学题	2012－05	38.00	142
500 个前苏联早期高考数学试题及解答	2012－05	28.00	185
546 个早期俄罗斯大学生数学竞赛题	2014－03	38.00	285
548 个来自美苏的数学好问题	2014－11	28.00	396
20 所苏联著名大学早期入学试题	2015－02	18.00	452
德国讲义日本考题.微积分卷	2015－04	48.00	456
德国讲义日本考题.微分方程卷	2015－04	38.00	457
博弈论精粹	2008－03	58.00	30
博弈论精粹.第二版(精装)	2015－01	78.00	461
数学 我爱你	2008－01	28.00	20
精神的圣徒　别样的人生——60 位中国数学家成长的历程	2008－09	48.00	39
数学史概论	2009－06	78.00	50
数学史概论(精装)	2013－03	158.00	272
斐波那契数列	2010－02	28.00	65
数学拼盘和斐波那契魔方	2010－07	38.00	72
斐波那契数列欣赏	2011－01	28.00	160
数学的创造	2011－02	48.00	85
数学中的美	2011－02	38.00	84
数论中的美学	2014－12	38.00	351
数学王者　科学巨人——高斯	2015－01	28.00	428
王连笑教你怎样学数学:高考选择题解题策略与客观题实用训练	2014－01	48.00	262
王连笑教你怎样学数学:高考数学高层次讲座	2015－02	48.00	432
最新全国及各省市高考数学试卷解法研究及点拨评析	2009－02	38.00	41
高考数学的理论与实践	2009－08	38.00	53
中考数学专题总复习	2007－04	28.00	6
向量法巧解数学高考题	2009－08	28.00	54
高考数学核心题型解题方法与技巧	2010－01	28.00	86
高考思维新平台	2014－03	38.00	259
数学解题——靠数学思想给力(上)	2011－07	38.00	131
数学解题——靠数学思想给力(中)	2011－07	48.00	132
数学解题——靠数学思想给力(下)	2011－07	38.00	133

哈尔滨工业大学出版社刘培杰数学工作室 已出版(即将出版)图书目录

书　　名	出版时间	定　价	编号
我怎样解题	2013－01	48.00	227
和高中生漫谈:数学与哲学的故事	2014－08	28.00	369
2011 年全国及各省市高考数学试题审题要津与解法研究	2011－10	48.00	139
2013 年全国及各省市高考数学试题解析与点评	2014－01	48.00	282
全国及各省市高考数学试题审题要津与解法研究	2015－02	48.00	450
新课标高考数学——五年试题分章详解(2007～2011)(上、下)	2011－10	78.00	140,141
30 分钟拿下高考数学选择题、填空题(第二版)	2012－01	28.00	146
全国中考数学压轴题审题要津与解法研究	2013－04	78.00	248
新编全国及各省市中考数学压轴题审题要津与解法研究	2014－05	58.00	342
高考数学压轴题解题诀窍(上)	2012－02	78.00	166
高考数学压轴题解题诀窍(下)	2012－03	28.00	167
自主招生考试中的参数方程问题	2015－01	28.00	435
近年全国重点大学自主招生数学试题全解及研究. 华约卷	2015－02	38.00	441
近年全国重点大学自主招生数学试题全解及研究. 北约卷	即将出版		

书　　名	出版时间	定　价	编号
格点和面积	2012－07	18.00	191
射影几何趣谈	2012－04	28.00	175
斯潘纳尔引理——从一道加拿大数学奥林匹克试题谈起	2014－01	28.00	228
李普希兹条件——从几道近年高考数学试题谈起	2012－10	18.00	221
拉格朗日中值定理——从一道北京高考试题的解法谈起	2012－10	18.00	197
闵科夫斯基定理——从一道清华大学自主招生试题谈起	2014－01	28.00	198
哈尔测度——从一道冬令营试题的背景谈起	2012－08	28.00	202
切比雪夫逼近问题——从一道中国台北数学奥林匹克试题谈起	2013－04	38.00	238
伯恩斯坦多项式与贝齐尔曲面——从一道全国高中数学联赛试题谈起	2013－03	38.00	236
卡塔兰猜想——从一道普特南竞赛试题谈起	2013－06	18.00	256
麦卡锡函数和阿克曼函数——从一道前南斯拉夫数学奥林匹克试题谈起	2012－08	18.00	201
贝蒂定理与拉姆贝克莫斯尔定理——从一个拣石子游戏谈起	2012－08	18.00	217
皮亚诺曲线和豪斯道夫分球定理——从无限集谈起	2012－08	18.00	211
平面凸图形与凸多面体	2012－10	28.00	218
斯坦因豪斯问题——从一道二十五省市自治区中学数学竞赛试题谈起	2012－07	18.00	196
纽结理论中的亚历山大多项式与琼斯多项式——从一道北京市高一数学竞赛试题谈起	2012－07	28.00	195
原则与策略——从波利亚"解题表"谈起	2013－04	38.00	244
转化与化归——从三大尺规作图不能问题谈起	2012－08	28.00	214
代数几何中的贝祖定理(第一版)——从一道 IMO 试题的解法谈起	2013－08	18.00	193
成功连贯理论与约当块理论——从一道比利时数学竞赛试题谈起	2012－04	18.00	180
磨光变换与范·德·瓦尔登猜想——从一道环球城市竞赛试题谈起	即将出版		
素数判定与大数分解	2014－08	18.00	199
置换多项式及其应用	2012－10	18.00	220
椭圆函数与模函数——从一道美国加州大学洛杉矶分校(UCLA)博士资格考题谈起	2012－10	28.00	219

哈尔滨工业大学出版社刘培杰数学工作室已出版(即将出版)图书目录

书　　名	出版时间	定　价	编号
差分方程的拉格朗日方法——从一道 2011 年全国高考理科试题的解法谈起	2012－08	28.00	200
力学在几何中的一些应用	2013－01	38.00	240
高斯散度定理、斯托克斯定理和平面格林定理——从一道国际大学生数学竞赛试题谈起	即将出版		
康托洛维奇不等式——从一道全国高中联赛试题谈起	2013－03	28.00	337
西格尔引理——从一道第 18 届 IMO 试题的解法谈起	即将出版		
罗斯定理——从一道前苏联数学竞赛试题谈起	即将出版		
拉克斯定理和阿廷定理——从一道 IMO 试题的解法谈起	2014－01	58.00	246
毕卡大定理——从一道美国大学数学竞赛试题谈起	2014－07	18.00	350
贝齐尔曲线——从一道全国高中联赛试题谈起	即将出版		
拉格朗日乘子定理——从一道 2005 年全国高中联赛试题谈起	即将出版		
雅可比定理——从一道日本数学奥林匹克试题谈起	2013－04	48.00	249
李天岩－约克定理——从一道波兰数学竞赛试题谈起	2014－06	28.00	349
整系数多项式因式分解的一般方法——从克朗耐克算法谈起	即将出版		
布劳维不动点定理——从一道前苏联数学奥林匹克试题谈起	2014－01	38.00	273
压缩不动点定理——从一道高考数学试题的解法谈起	即将出版		
伯恩赛德定理——从一道英国数学奥林匹克试题谈起	即将出版		
布查特－莫斯特定理——从一道上海市初中竞赛试题谈起	即将出版		
数论中的同余数问题——从一道普特南竞赛试题谈起	即将出版		
范·德蒙行列式——从一道美国数学奥林匹克试题谈起	即将出版		
中国剩余定理:总数法构建中国历史年表	2015－01	28.00	430
牛顿程序与方程求根——从一道全国高考试题解法谈起	即将出版		
库默尔定理——从一道 IMO 预选试题谈起	即将出版		
卢丁定理——从一道冬令营试题的解法谈起	即将出版		
沃斯滕霍姆定理——从一道 IMO 预选试题谈起	即将出版		
卡尔松不等式——从一道莫斯科数学奥林匹克试题谈起	即将出版		
信息论中的香农熵——从一道近年高考压轴题谈起	即将出版		
约当不等式——从一道希望杯竞赛试题谈起	即将出版		
拉比诺维奇定理	即将出版		
刘维尔定理——从一道《美国数学月刊》征解问题的解法谈起	即将出版		
卡塔兰恒等式与级数求和——从一道 IMO 试题的解法谈起	即将出版		
勒让德猜想与素数分布——从一道爱尔兰竞赛试题谈起	即将出版		
天平称重与信息论——从一道基辅市数学奥林匹克试题谈起	即将出版		
哈密尔顿－凯莱定理:从一道高中数学联赛试题的解法谈起	2014－09	18.00	376
艾思特曼定理——从一道 CMO 试题的解法谈起	即将出版		

哈尔滨工业大学出版社刘培杰数学工作室已出版(即将出版)图书目录

书　名	出版时间	定　价	编号
一个爱尔特希问题——从一道西德数学奥林匹克试题谈起	即将出版		
有限群中的爱丁格尔问题——从一道北京市初中二年级数学竞赛试题谈起	即将出版		
贝克码与编码理论——从一道全国高中联赛试题谈起	即将出版		
帕斯卡三角形	2014－03	18.00	294
蒲丰投针问题——从 2009 年清华大学的一道自主招生试题谈起	2014－01	38.00	295
斯图姆定理——从一道"华约"自主招生试题的解法谈起	2014－01	18.00	296
许瓦兹引理——从一道加利福尼亚大学伯克利分校数学系博士生试题谈起	2014－08	18.00	297
拉格朗日中值定理——从一道北京高考试题的解法谈起	2014－01		298
拉姆塞定理——从王诗宬院士的一个问题谈起	2014－01		299
坐标法	2013－12	28.00	332
数论三角形	2014－04	38.00	341
毕克定理	2014－07	18.00	352
数林掠影	2014－09	48.00	389
我们周围的概率	2014－10	38.00	390
凸函数最值定理:从一道华约自主招生题的解法谈起	2014－10	28.00	391
易学与数学奥林匹克	2014－10	38.00	392
生物数学趣谈	2015－01	18.00	409
反演	2015－01		420
因式分解与圆锥曲线	2015－01	18.00	426
轨迹	2015－01	28.00	427
面积原理:从常庚哲命的一道 CMO 试题的积分解法谈起	2015－01	48.00	431
形形色色的不动点定理:从一道 28 届 IMO 试题谈起	2015－01	38.00	439
柯西函数方程:从一道上海交大自主招生的试题谈起	2015－02	28.00	440
三角恒等式	2015－02	28.00	442
无理性判定:从一道 2014 年"北约"自主招生试题谈起	2015－01	38.00	443
数学归纳法	2015－03	18.00	451

书　名	出版时间	定　价	编号
中等数学英语阅读文选	2006－12	38.00	13
统计学专业英语	2007－03	28.00	16
统计学专业英语(第二版)	2012－07	48.00	176
幻方和魔方(第一卷)	2012－05	68.00	173
尘封的经典——初等数学经典文献选读(第一卷)	2012－07	48.00	205
尘封的经典——初等数学经典文献选读(第二卷)	2012－07	38.00	206

书　名	出版时间	定　价	编号
实变函数论	2012－06	78.00	181
非光滑优化及其变分分析	2014－01	48.00	230
疏散的马尔科夫链	2014－01	58.00	266
马尔科夫过程论基础	2015－01	28.00	433
初等微分拓扑学	2012－07	18.00	182
方程式论	2011－03	38.00	105
初级方程式论	2011－03	28.00	106
Galois 理论	2011－03	18.00	107
古典数学难题与伽罗瓦理论	2012－11	58.00	223
伽罗华与群论	2014－01	28.00	290
代数方程的根式解及伽罗瓦理论	2011－03	28.00	108
代数方程的根式解及伽罗瓦理论(第二版)	2015－01	28.00	423

哈尔滨工业大学出版社刘培杰数学工作室已出版(即将出版)图书目录

书　　名	出版时间	定　价	编号
线性偏微分方程讲义	2011—03	18.00	110
N 体问题的周期解	2011—03	28.00	111
代数方程式论	2011—05	18.00	121
动力系统的不变量与函数方程	2011—07	48.00	137
基于短语评价的翻译知识获取	2012—02	48.00	168
应用随机过程	2012—04	48.00	187
概率论导引	2012—04	18.00	179
矩阵论(上)	2013—06	58.00	250
矩阵论(下)	2013—06	48.00	251
趣味初等方程妙题集锦	2014—09	48.00	388
趣味初等数论选美与欣赏	2015—02	48.00	445
对称锥互补问题的内点法:理论分析与算法实现	2014—08	68.00	368
抽象代数:方法导引	2013—06	38.00	257
闵嗣鹤文集	2011—03	98.00	102
吴从炘数学活动三十年(1951～1980)	2010—07	99.00	32
函数论	2014—11	78.00	395
耕读笔记(上卷):一位农民数学爱好者的初数探索	2015—04	48.00	459
数贝偶拾——高考数学题研究	2014—04	28.00	274
数贝偶拾——初等数学研究	2014—04	38.00	275
数贝偶拾——奥数题研究	2014—04	48.00	276
集合、函数与方程	2014—01	28.00	300
数列与不等式	2014—01	38.00	301
三角与平面向量	2014—01	28.00	302
平面解析几何	2014—01	38.00	303
立体几何与组合	2014—01	28.00	304
极限与导数、数学归纳法	2014—01	38.00	305
趣味数学	2014—03	28.00	306
教材教法	2014—04	68.00	307
自主招生	2014—05	58.00	308
高考压轴题(上)	2014—11	48.00	309
高考压轴题(下)	2014—10	68.00	310
从费马到怀尔斯——费马大定理的历史	2013—10	198.00	Ⅰ
从庞加莱到佩雷尔曼——庞加莱猜想的历史	2013—10	298.00	Ⅱ
从切比雪夫到爱尔特希(上)——素数定理的初等证明	2013—07	48.00	Ⅲ
从切比雪夫到爱尔特希(下)——素数定理 100 年	2012—12	98.00	Ⅲ
从高斯到盖尔方特——二次域的高斯猜想	2013—10	198.00	Ⅳ
从库默尔到朗兰兹——朗兰兹猜想的历史	2014—01	98.00	Ⅴ
从比勃巴赫到德布朗斯——比勃巴赫猜想的历史	2014—02	298.00	Ⅵ
从麦比乌斯到陈省身——麦比乌斯变换与麦比乌斯带	2014—02	298.00	Ⅶ
从布尔到豪斯道夫——布尔方程与格论漫谈	2013—10	198.00	Ⅷ
从开普勒到阿诺德——三体问题的历史	2014—05	298.00	Ⅸ
从华林到华罗庚——华林问题的历史	2013—10	298.00	Ⅹ

哈尔滨工业大学出版社刘培杰数学工作室 已出版(即将出版)图书目录

书　　名	出版时间	定　价	编号
吴振奎高等数学解题真经(概率统计卷)	2012－01	38.00	149
吴振奎高等数学解题真经(微积分卷)	2012－01	68.00	150
吴振奎高等数学解题真经(线性代数卷)	2012－01	58.00	151
高等数学解题全攻略(上卷)	2013－06	58.00	252
高等数学解题全攻略(下卷)	2013－06	58.00	253
高等数学复习纲要	2014－01	18.00	384
钱昌本教你快乐学数学(上)	2011－12	48.00	155
钱昌本教你快乐学数学(下)	2012－03	58.00	171
三角函数	2014－01	38.00	311
不等式	2014－01	38.00	312
数列	2014－01	38.00	313
方程	2014－01	28.00	314
排列和组合	2014－01	28.00	315
极限与导数	2014－01	28.00	316
向量	2014－09	38.00	317
复数及其应用	2014－08	28.00	318
函数	2014－01	38.00	319
集合	即将出版		320
直线与平面	2014－01	28.00	321
立体几何	2014－04	28.00	322
解三角形	即将出版		323
直线与圆	2014－01	28.00	324
圆锥曲线	2014－01	38.00	325
解题通法(一)	2014－07	38.00	326
解题通法(二)	2014－07	38.00	327
解题通法(三)	2014－05	38.00	328
概率与统计	2014－01	28.00	329
信息迁移与算法	即将出版		330
第19～23届"希望杯"全国数学邀请赛试题审题要津详细评注(初一版)	2014－03	28.00	333
第19～23届"希望杯"全国数学邀请赛试题审题要津详细评注(初二、初三版)	2014－03	38.00	334
第19～23届"希望杯"全国数学邀请赛试题审题要津详细评注(高一版)	2014－03	28.00	335
第19～23届"希望杯"全国数学邀请赛试题审题要津详细评注(高二版)	2014－03	38.00	336
第19～25届"希望杯"全国数学邀请赛试题审题要津详细评注(初一版)	2015－01	38.00	416
第19～25届"希望杯"全国数学邀请赛试题审题要津详细评注(初二、初三版)	2015－01	58.00	417
第19～25届"希望杯"全国数学邀请赛试题审题要津详细评注(高一版)	2015－01	48.00	418
第19～25届"希望杯"全国数学邀请赛试题审题要津详细评注(高二版)	2015－01	48.00	419
物理奥林匹克竞赛大题典——力学卷	2014－11	48.00	405
物理奥林匹克竞赛大题典——热学卷	2014－04	28.00	339
物理奥林匹克竞赛大题典——电磁学卷	即将出版		406
物理奥林匹克竞赛大题典——光学与近代物理卷	2014－06	28.00	345

哈尔滨工业大学出版社刘培杰数学工作室已出版(即将出版)图书目录

书　　名	出版时间	定　价	编号
历届中国东南地区数学奥林匹克试题集(2004～2012)	2014－06	18.00	346
历届中国西部地区数学奥林匹克试题集(2001～2012)	2014－07	18.00	347
历届中国女子数学奥林匹克试题集(2002～2012)	2014－08	18.00	348
几何变换(Ⅰ)	2014－07	28.00	353
几何变换(Ⅱ)	即将出版		354
几何变换(Ⅲ)	2015－01	38.00	355
几何变换(Ⅳ)	即将出版		356
美国高中数学竞赛五十讲. 第 1 卷(英文)	2014－08	28.00	357
美国高中数学竞赛五十讲. 第 2 卷(英文)	2014－08	28.00	358
美国高中数学竞赛五十讲. 第 3 卷(英文)	2014－09	28.00	359
美国高中数学竞赛五十讲. 第 4 卷(英文)	2014－09	28.00	360
美国高中数学竞赛五十讲. 第 5 卷(英文)	2014－10	28.00	361
美国高中数学竞赛五十讲. 第 6 卷(英文)	2014－11	28.00	362
美国高中数学竞赛五十讲. 第 7 卷(英文)	2014－12	28.00	363
美国高中数学竞赛五十讲. 第 8 卷(英文)	2015－01	28.00	364
美国高中数学竞赛五十讲. 第 9 卷(英文)	2015－01	28.00	365
美国高中数学竞赛五十讲. 第 10 卷(英文)	2015－02	38.00	366
IMO 50 年. 第 1 卷(1959－1963)	2014－11	28.00	377
IMO 50 年. 第 2 卷(1964－1968)	2014－11	28.00	378
IMO 50 年. 第 3 卷(1969－1973)	2014－09	28.00	379
IMO 50 年. 第 4 卷(1974－1978)	即将出版		380
IMO 50 年. 第 5 卷(1979－1984)	即将出版		381
IMO 50 年. 第 6 卷(1985－1989)	2015－04	58.00	382
IMO 50 年. 第 7 卷(1990－1994)	即将出版		383
IMO 50 年. 第 8 卷(1995－1999)	即将出版		384
IMO 50 年. 第 9 卷(2000－2004)	即将出版		385
IMO 50 年. 第 10 卷(2005－2008)	即将出版		386
历届美国大学生数学竞赛试题集. 第一卷(1938—1949)	2015－01	28.00	397
历届美国大学生数学竞赛试题集. 第二卷(1950—1959)	2015－01	28.00	398
历届美国大学生数学竞赛试题集. 第三卷(1960—1969)	2015－01	28.00	399
历届美国大学生数学竞赛试题集. 第四卷(1970—1979)	2015－01	18.00	400
历届美国大学生数学竞赛试题集. 第五卷(1980—1989)	2015－01	28.00	401
历届美国大学生数学竞赛试题集. 第六卷(1990—1999)	2015－01	28.00	402
历届美国大学生数学竞赛试题集. 第七卷(2000—2009)	即将出版		403
历届美国大学生数学竞赛试题集. 第八卷(2010—2012)	2015－01	18.00	404

哈尔滨工业大学出版社刘培杰数学工作室已出版(即将出版)图书目录

书 名	出版时间	定 价	编号
新课标高考数学创新题解题诀窍:总论	2014—09	28.00	372
新课标高考数学创新题解题诀窍:必修 1～5 分册	2014—08	38.00	373
新课标高考数学创新题解题诀窍:选修 2—1,2—2,1—1,1—2分册	2014—09	38.00	374
新课标高考数学创新题解题诀窍:选修 2—3,4—4,4—5 分册	2014—09	18.00	375

全国重点大学自主招生英文数学试题全攻略:词汇卷	即将出版		410
全国重点大学自主招生英文数学试题全攻略:概念卷	2015—01	28.00	411
全国重点大学自主招生英文数学试题全攻略:文章选读卷(上)	即将出版		412
全国重点大学自主招生英文数学试题全攻略:文章选读卷(下)	即将出版		413
全国重点大学自主招生英文数学试题全攻略:试题卷	即将出版		414
全国重点大学自主招生英文数学试题全攻略:名著欣赏卷	即将出版		415

联系地址:哈尔滨市南岗区复华四道街10号　哈尔滨工业大学出版社刘培杰数学工作室
网　　址:http://lpj.hit.edu.cn/
邮　　编:150006
联系电话:0451—86281378　　13904613167
E-mail:lpj1378@163.com